给孩子的自然科普

生机勃勃的海洋世界

江泓 杨肖 主编

重庆出版集团 重庆出版社

图书在版编目（CIP）数据

生机勃勃的海洋世界 / 江泓，杨肖主编. — 重庆：
重庆出版社，2024.1
（给孩子的自然科普）
ISBN 978-7-229-17303-6

Ⅰ.①生… Ⅱ.①江… ②杨… Ⅲ.①海洋生物–动
物–青少年读物 Ⅳ.①Q95-49

中国版本图书馆CIP数据核字（2022）第249468号

生机勃勃的海洋世界
SHENGJIBOBO DE HAIYANG SHIJIE

江　泓　杨　肖　主编

出　品：　华章同人
出版监制：徐宪江　秦　琥
特约策划：先知先行
责任编辑：肖　雪
特约编辑：李　敏　齐　蕾　危　婕　杨孟娇
营销编辑：史青苗　刘晓艳
责任校对：刘小燕
责任印制：梁善池
封面设计：乐　翁　　QQ:954416926

重庆出版集团
重庆出版社　出版
（重庆市南岸区南滨路162号1幢）

北京盛通印刷股份有限公司　印刷
重庆出版集团图书发行有限公司　发行
邮购电话：010-85869375
全国新华书店经销

开本：787mm×1092mm　1/16　印张：9.5　字数：102千
2024年1月第1版　2024年1月第1次印刷
定价：49.80元

如有印装质量问题，请致电023-61520678

前　言

　　提到海洋生物，大家可能会想到很多海洋鱼类：拖着长尾巴的带鱼，五颜六色的小丑鱼，凶猛可怕的鲨鱼……其实，海洋远比我们想象的更加包罗万象，毕竟这里可是地球生命的摇篮啊！从热热闹闹的海滩，到幽静黑暗的海沟，这里生存着超过 20 万种生物，它们为辽阔的海洋带来了勃勃生机，还丰富了地球的生物种类。

　　黄昏的海岸边，行动缓慢的海龟正忙着繁衍；猫眼蝾螺正在往沙子里钻；海葵在浅水里舒展着自己的触手……同时，在海平面之上，掠食者们也准备享用自己的晚餐：虎鲸群正在围攻一只海豹；大白鲨腾出水面，咬住了一只落单的海鸟。让我们把视线转向幽寂的海底，这里生活着一些长相奇特的用毒高手：靓丽的裳鮋与珊瑚礁融为一体，静静地等待着粗心的小鱼自投罗网；玫瑰毒鮋正在吞食刚毒晕的猎物……这些灵动的画面传递出了强大的生命力，描绘出了海洋世界的日常，令人着迷。

　　当然，海洋世界的奇妙远不止于此。在这本书里，我们还为大家精心选取了许多别具一格的海洋动物，快翻开本书，来认识一下它们吧！

目 录

第三章　危险的猎手

第四章　长相奇特的水中"毒物"

第五章　海洋中的"金嗓子"

第六章　不得不说的奇鱼轶事

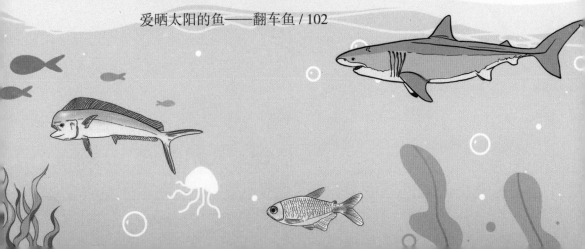

第七章 自带微光的深海探路者

第八章 海洋生物知多少

附 录 淡水鱼也疯狂——"电鱼"家族大盘点

第一章
最初的生命

生命的摇篮，是海啊
浪花翻滚、碰撞
生命诞生

从远古到现在
在海的世界里
生命不断演化

亿万年时光瞬息而逝
被遗忘在蔚蓝海水里的生命谜题
终于揭去了它的神秘面纱

古老的见证——化石

　　大部分古生物死后，遗体都随着时间的流逝而消散了，但也有一部分古生物因为某些原因而被保留在地层中，变成了化石。化石除了古生物的遗体外，也包括它们的遗物和生活过的痕迹。现在已被发掘的生物化石包括植物、无脊椎动物、脊椎动物等，它们是地球生命历史的见证，也是研究生物起源和进化的科学依据。古生物化石不同于文物，它们是重要的地质遗迹，是宝贵的、不可再生的自然遗产。

岩石中的记忆——三叶虫

说到远古生物，很多人都会想到三叶虫，你了解它们吗？

三叶虫是一种节肢动物，生活在距今 5.4 亿~2.5 亿年前的古生代，是我们现今所知的最有代表性的远古动物之一。它们的身体分为头、胸、尾三个部分，背甲上还有三个凸起将身体横向分为三个部分，因此得名"三叶虫"。

三叶虫大多生活在浅海底部，善于在海底爬行，生命力旺盛，家族庞大。它们在地球上生活了将近 3 亿年，在历史的长河里留下了清晰的印记。在某些地层中，三叶虫的数量甚至占据了生物总量的一半以上。

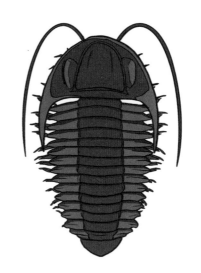

三叶虫活得久，种类也多，巅峰时留下的化石中有 1500 多个属，15000 多个种。它们的形状大多为卵圆形或椭圆形，但个体差异较大，有的长达 70 厘米，有的只有 2 毫米长。

　　三叶虫距离我们如此遥远，科学家们为何还能将它们的形态、种类了解得如此透彻呢？

　　首先是因为它们有坚硬的外壳。它们的外壳又厚又硬，富含钙质，随着长大，每次蜕掉的壳都有机会变成清晰的化石。

　　其次是因为古生代早期的海洋掠食者还不太强大，三叶虫又出现得早，所以它们"近水楼台先得月"，占据了大量的生态位，形成了许许多多的物种，留存至今的化石种类也就格外多了。

　　最后是因为它们生活在浅海，很容易被埋藏在泥沙里，得到妥善的保存。当泥沙变成砂岩、页岩等沉积岩时，埋藏在其中的三叶虫尸体也就变成了相当完好的化石。

小知识

　　我国的三叶虫化石资源十分丰富，仅寒武纪早期的三叶虫，就已经发现了200多个属的化石。科学家们发现，山东泰安有一种"燕子石"，岩石裸露的表面布满了灵动的"燕子"。后来人们才知道，这些"燕子"其实是一些三叶虫蜕壳时留下的"尾叶"。

身披铠甲的鱼——甲胄鱼

甲胄（zhòu）鱼生活在距今5亿~3.6亿年前的古生代。从身体结构来看，它们的形态已经非常接近于现代鱼类。

甲胄鱼不是特指某一种鱼，而是两亿多年里一个庞大类群的统称。总的来说，它们的体表都有一层起防御作用的骨板，就像一层盔甲，所以得名"甲胄鱼"。"甲胄"虽然保护了它们，但也限制了它们的活动，所以大部分甲胄鱼都是匍匐在海底生活的底栖生物。

和大多数现代鱼类相比，甲胄鱼有很多独特的地方。首先，它们属于"无颌类"，也就是说，它们没有下巴，既不会咬，也不会嚼，吃东西全靠吸；其次，它们没有偶鳍，也就是像现代鱼的胸鳍和腹鳍那样两侧对称的鳍，所以它们的平衡能力通常较差，行动很不灵活。

作为无颌类脊椎动物的一种，甲胄鱼的攻击力几乎为零，只能被动防守，利用笨重的甲胄保护自己。在 4.4 亿~4.1 亿年前的志留纪，地球上还没有特别强大的掠食动物，甲胄鱼一度非常繁荣，种类十分多样，但在随后的泥盆纪，长着下巴的"有颌类"繁荣起来，出现了类似鲨鱼的强大掠食者后，笨拙的甲胄鱼就逐渐没落了。到了 3.6 亿年前的泥盆纪晚期，更加凶猛，同时也更加灵活的有颌类成功主导了海洋生态，这时甲胄鱼已经消失不见了。进化的过程也是淘汰的过程，适应环境的才能成为最后的赢家，这就是生物发展的自然规律。

小知识

　　甲胄鱼化石最早发现于美国科罗拉多州的一处奥陶纪的砂岩中，那也是迄今人们发现的最早的鱼类化石。

远古的密码——鲎

在一些没有海浪的小海湾，人们有时候会看到沙滩上盖着一个个"小铁锅"，走近细看，才发现原来是一种海洋动物。

"小铁锅"的名字是鲎（hòu），大家也叫它们"马蹄蟹"。它们可不是螃蟹，而是一种和蝎子沾些亲戚关系的节肢动物。它们的体长可达60厘米，体重将近5千克。它们的身体主要由三部分组成：灰褐色的马蹄形头胸部，两侧长满了棘刺的六角形腹部，以及长了一根坚硬尾刺的尾部。鲎有四只眼睛，其中两只是复眼。

地球上最早的鲎出现得比恐龙还早，与三叶虫一样古老。在数亿年的沧桑巨变之后，鲎的近亲早已灭绝殆尽，鲎却还是保留着祖先的样子，也因此有"活化石"之称。

鲎是食肉动物，尤其喜欢吃环节动物和软体动物，例如沙蚕、蛤、蚌等，偶尔也吃一些水生蠕虫和藻类。进食前，它们会先用尾刺刺碎软体动物的外壳，然后再把食物送入口中。

很多人把鲎称作"海底鸳鸯"，这是因为在繁殖季节，雌鲎和雄鲎总是成对出现，雄鲎牢牢抱着雌鲎的后背，二者一起爬上沙滩，看起来很是专情。我国台湾地区有句俗语——"捉孤鲎，衰到老"，意思是不可拆散姻缘。

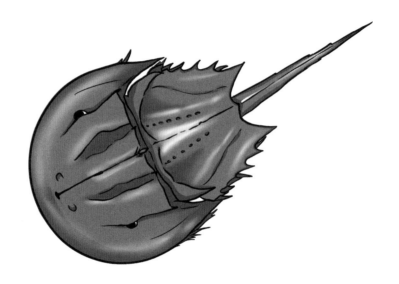

鲎生长周期很长，需要近13年才能完全发育成熟。它们通常在每年的6月集中产卵，一只雌鲎每次可产1.5~6.4万颗卵，但卵的存活比例极低，因为它们产卵的海岸是一些海鸟喜欢光顾的"自助餐厅"，还总有鱼和海龟跑来"吃白食"。

鲎的血液因含有铜离子而显示为蓝色。科学家们发现，鲎的蓝色血液中含有一种阿米巴样细胞，对细菌极为敏感，可以制成一种灵敏、高效的细菌内毒素检测试剂。正是因为具有较高的经济价值和药用价值，鲎遭到滥捕滥杀，数量不断减少。

中国是世界上少数拥有丰富鲎资源的国家之一，国内现存的鲎大多分布在长江以南海岸。为了规范试剂行业对鲎的使用，我国对鲎的合法利用设定了审批许可制度，捕捞、出售和驯养繁殖都需要获得审批许可。毕竟，只有合理利用才能实现真正的绿色发展。

小知识

鲎尖尖的尾刺不仅能在海里帮助它们保持身体持平衡，上岸之后也很有用处。如果不小心在沙滩上被浪花掀翻了，它们可以用尾刺将身体支撑起来，然后用力翻转过来。

曾经的海洋霸主——鹦鹉螺

　　鹦鹉螺，是一类生活在深海中的古老的软体动物，它们的族群历史悠久。人们最早在距今大约 5 亿年的寒武纪晚期的岩石中发现了鹦鹉螺化石，它们也被人们称为海洋中的"活化石"。

　　鹦鹉螺的螺旋状外壳神似鹦鹉的嘴巴，表面色彩绚丽，内部构造也颇具特色。它们的外壳主要由两层物质组成：外层是呈现石灰质感的瓷质层，淡黄色的底色上混合了饱和度颇高的橙色条纹；内层是五光

十色的珍珠层。外壳的横切面就像一座旋转的楼梯，越往里空间越小。

现存的鹦鹉螺主要分布于印度洋和西太平洋的珊瑚礁水域。它们是生活在水体底部的底栖动物，喜欢在夜间行动，白天则会利用腕部的分泌物附着在岩石或珊瑚礁上休息。它们的活动范围在海平面200米以下，特殊的螺旋状外壳让它们能够调控身体里的气体，以适应海底不同深度的压力。

鹦鹉螺是肉食性动物，它们的饮食清单包括但不限于小鱼、小虾和底栖的小蟹。在奥陶纪，鹦鹉螺正处于鼎盛期，一些庞大的类群不像今天的鹦鹉螺这样呈螺旋状，而是直挺挺的如同号角，长度可达10米左右，是当时的"顶级掠食者"，三叶虫和海蝎都是它们的食物。

鹦鹉螺的移动方式十分特别，它们会让水流不断通过身体组织中的外套膜，经由一些管状肌肉向后方喷出，以此获得助推力，实现身体的移动。

除了移动方式，鹦鹉螺精美的身体构造也吸引了很多人的目光。数学家们认为，它们的外壳切面所呈现出的优美螺旋，暗含了斐波那契数列，并且两项间比值无限接近黄金分割率。真是神奇呀！

小知识

鹦鹉螺特殊的构造也给科学家们带来了启示。1954年，美国科学家受鹦鹉螺运动原理的启发，成功研制出了第一艘核动力潜艇——"鹦鹉螺号"。"鹦鹉螺号"也是世界上第一艘到达北极点的船只。

第二章
海岸上的生命

　　在陆地和海洋交接的海岸线上，生活着一群可爱的生物，它们和沙、石相依，为原本寂静的沙滩带来了勃勃生机。海浪下，一个个蛤蜊张开了嘴巴；落潮后，招潮蟹从洞穴里露出了小小的脑袋；岩石边，还有一个个凸起的小螺尖……

滩涂精灵——招潮蟹

潮涨潮落间，沙滩上露出了一些小洞洞，偶尔"咕嘟"冒出一个水泡来。水泡一破，洞的主人就出来了，原来是招潮蟹。

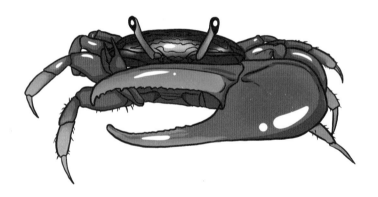

招潮蟹是一百余种招潮蟹属动物的统称，它们广泛分布于海滨和近海河口的滩涂区域。雄性招潮蟹的螯一大一小，其中大的那只重量相当于身体的一半。它们举着大螯的样子就像拿着盾牌的士兵，十分威武。

大螯还是招潮蟹的求爱工具。繁殖期的雄蟹会对着雌蟹挥舞大螯，展示自己的"力量"。有的雄蟹还会用大螯有节奏地拍击泥地，通过声音吸引雌蟹。不明真相的人看到了，还以为它们在召唤潮水呢！雄蟹在涨潮时舞动大螯，除了求偶外，其实还有示警作用。招潮蟹虽然小，但它们也有领地意识。如果家里有陌生来客，它们就会毫不客气地挥动大螯，以展示"领主"的威风，将之赶出家门。

招潮蟹真的能招来海潮吗？

答案是否定的，招潮蟹并不能招来海潮，它们只是因为掌握了潮汐发生的规律，所以能够以潮为生，顺应潮汐的规律来安排自己的活动罢了。

每当落潮后，就会有大量招潮蟹从洞中钻出来，到沙滩上觅食、交配。神奇的是，每到下一次潮水到来前10分钟左右，它们便会悄然停下沙滩上的一切活动，迅速返回洞里，就像是它们把潮水招来的一样。

招潮蟹善于挖洞，泥泞的滩涂上到处分布着它们的小家，有的洞穴甚至深达30厘米。有些雄蟹还会在洞口建造半圆形的盖，颇有"此地无银三百两"的架势。好在它们还保留着一丝机警，不会在同一个洞中停留很长时间，隔几天就换一个。这些小小的洞穴，有着大大的作用，招潮蟹在里面既可以躲避水陆各类捕食者的侵袭，又可以避免汹涌潮水的冲刷和毒辣太阳的照射。

招潮蟹以泥地上的有机物为食，它们用较小的那只螯刮取淤泥表面富含藻类和其他有机物的小颗粒，然后送进嘴巴。招潮蟹的大螯是可再生的，大螯被折断的位置会长出新的螯来，不过会比原来的小很多。

小知识

　　招潮蟹等蟹类的挖洞行为对地形和土壤的影响巨大。蟹洞会促进土壤氧化，加快土壤营养的垂直运输和水、气的循环。此外，蟹洞密集的区域会保存大量的有机碎屑，这些有机质碎屑可以进一步增加土壤的营养。

海岸清道夫——寄居蟹

今天的主人公跟"衣食住行"的"住"息息相关，它们通常不自己造房子，而是选择"借房"或者"捡房"，人们给它们取名"寄居蟹"，有时也叫它们"白住房"或"干住屋"。

寄居蟹属于节肢动物，虽然名字里带有"蟹"字，却不是螃蟹。人们常会在沙滩或海边的岩石缝里发现它们。寄居蟹长相奇特，拥有蟹一般的大螯和足部，腹部却像虾一样肥大，而且外壳很薄。它们将柔软的腹部塞进海螺壳之类的坚硬物品里，以躲避猎捕者的追捕，这也是它们"寄居"的原因。

已知的寄居蟹有800多种，分布在七八个科里，但常见的主要来自三个科：活额寄居蟹科、寄居蟹科和陆寄居蟹科。寄居蟹大部分生活在海边或浅水滩地，依靠螺壳、蜗牛壳、贝壳等硬壳来保护自己。如果遇到危险，它们就马上缩入硬壳内，并以螯足挡住壳口。

寄居蟹偏爱塔状螺壳，但除了塔状螺壳外，扇贝、蛤等动物的壳里也偶尔出现它们的身影，有人就在辽东半岛的海滨看见过生活在扇贝下的寄居蟹：它们将全部身体隐藏在贝壳之下，然后用两条带钳子的长腿钳住贝壳的内缘，像乌龟一样背着大壳前行。

为了找到合适的"房子"，寄居蟹有时也会主动出击。它们会先找到活的海螺，然后用坚硬的大螯将海螺的身体撕碎并拖到壳外，最后再自己钻进去，达到"鸠占鹊巢"的目的。

寄居蟹也被称为"海边的清道夫"，它们是杂食性动物，从藻类、寄生虫，到贝类、虾类，再到人类食物的残渣，几乎无所不食。如果把它们放在水族箱里，它们会勤劳地履行清洁工职责，主人就不用担心水质问题了。

小 知 识

　　除了霸占别人的硬壳外，有的寄居蟹还会与其他动物"同居"，例如艾氏活额寄居蟹。艾氏活额寄居蟹有了新家后，会去寻找海葵来担当"门卫"。它们将海葵放在硬壳上，这样海葵的触手释放的毒素便会让敌人无法靠近，而寄居蟹则充当海葵的交通工具，带着它们四处觅食。

能在陆地上生存的鱼——弹涂鱼

有一种鱼不爱大海，非要上陆地。它们会跳、会游、会跑，在陆地上生活的时间比在水中还要长，它们就是弹（tán）涂鱼，人们也叫它们"跳跳鱼"。

弹涂鱼的身体前半部分圆滚滚的，后半部分就像普通鱼类一样扁平。它们的眼睛长在脑袋的前上方，因靠得很近而显得大且突出。大眼睛赋予弹涂鱼极佳的视力和开阔的视野，让它们哪怕在浑浊的泥滩中也能清楚视物。有趣的是，一些弹涂鱼的两只眼睛还有不同的分工：一只搜索食物，一只负责观察周围。只要有危险物靠近，它们就会立刻察觉，然后迅速钻进洞穴。

弹涂鱼通常生活在暖温带的近海河口、港湾、红树林区等咸淡水交替的水域，或者底质为淤泥、泥沙的滩涂处。为了躲避海鸟，它们有了挖洞穴居的习性。这些洞有正入口和后入口之分，若是竖着切开洞穴，就会发现这些洞穴往往呈现为"U"形，有些特别精致的，还会呈现为"y"形——上面有两个出入口，中间是长长的隧道，下面连着一个上升的小房间。洞穴是它们的家，它们在洞穴里产卵、进食。冬天到来时，洞穴会成为天然的暖房，弹涂鱼会在里面休眠、越冬。

我们都知道，鱼儿离不开水，弹涂鱼是怎么做到在陆地上生活的呢？

其一，这是由它们的身体结构决定的。弹涂鱼除了用鳃呼吸外，还可以凭借皮肤和口腔黏膜的呼吸作用来摄取空气中的氧气。血液能够通过皮肤，直接与外界空气进行气体交换，帮助它们在陆地上呼吸。

其二，弹涂鱼的鳃腔很大，鳃盖密封，可以贮存大量空气和水。如果要在陆地上长时间活动，弹涂鱼会先在嘴中含一口水，这口水如同潜水员的氧气瓶一样，能帮助它们呼吸。

其三，弹涂鱼的尾鳍除了具有鳍的功能外，还是一种附属的呼吸器官。它们在有水的滩涂地上时，可以把尾鳍浸在水中，辅助呼吸。

了解了弹涂鱼在陆地上生活的秘密后，大家可能还有一个疑问：弹涂鱼为什么又被称作"跳跳鱼"呢？

其实，弹涂鱼能在陆地上跳来跳去，全靠它们发达的胸鳍和灵活的尾骨。它们的胸鳍能够向前向后运动自如，尾骨可以弯曲成锐角。准备跃起时，它们会把头向上抬起，两侧的胸鳍像手一样支撑在地上，然后尾巴蜷曲，借助地面的力量猛地一抬，就跳起来了。

小知识

　　弹涂鱼的求偶方式很有趣，它们是通过"跳舞"来求偶的。春天，雄性弹涂鱼会挖掘一个合适的"新房"，然后尽全力在雌鱼面前跳"求偶舞"。为了让更多的雌鱼注意到自己，雄鱼还会展示自己鼓囊囊的鳃腔，并把身体弯成拱形、竖立起尾鳍，不断地在新房门口跳跃，以充分展示自己的身体和力量。雌性弹涂鱼如果对它感兴趣，就会主动靠近，这就算是答应了。

海洋漫游者——海龟

海龟是一类大型海生爬行动物，它们终年生活在热带和亚热带的近海上层水域，偶尔也会出现在暖流经过的温带海域。它们家族的兄弟姐妹不多，只有七种，分别是绿海龟、玳瑁、红海龟、平背龟、肯氏丽龟、太平洋丽龟和棱皮龟。它们中体形最大的是棱皮龟，体长能达到 2 米，体重可达 800 千克；最小的是太平洋丽龟，体长不过 60 厘米，体重不到 50 千克。

人们常说"千年王八万年龟"，可见龟类长寿的特征深入人心。目前已知活得最久的海龟，年龄已经超过 150 岁。在幸运的情况下，海龟的平均寿命在 100 到 200 岁之间。那如果不幸运呢？举个例子，以前我国狭长的海岸线上有很多海龟产卵的海滩，现在却所剩无几。所以，海龟的现状是数量不断减少，寿命也在不断缩短。也因此，《中华人民共和国野生动物保护法》将我国海域内分布的玳瑁、棱皮龟、绿海龟、太平洋丽龟和红海龟都列为国家二级保护野生动物。

海龟是著名的"游子"，自破壳之日起，小小的海龟便开始了流浪生活，漫长的旅途给了它们成长和发育的时间。当繁殖季节快要到来之时，海龟们哪怕已经流浪到了千里之外，也要开启归程，到它们的出生地交配、产卵，繁衍后代。为了适应"赶路"的生活，海龟进化出了像桨一样的健壮前肢，也有了不亚于普通鱼类的游泳速度。

海龟的"赶路"会持续到初春，这时候，大部分海龟都回到了自己的家乡。它们将要在那里诞下自己的孩子。海龟父母会选择一个足够安全的场所，然后轮流用健壮有力的前肢和灵巧的后肢向下挖洞。把洞挖好之后，海龟妈妈就会专心产卵，一次产卵近百枚。产卵结束后，海龟妈妈会用后肢将刚刚挖出来的泥沙再填回洞里，直到洞口完全消失为止。

在如此广阔的海洋里，海龟是如何准确找到回家的路的呢？

经过多年的研究，科学家们终于找到了答案。原来，海龟回家依靠的"导航系统"，是那摸不着也看不见的地球磁场。海龟能通过地球磁场和太阳及其他星体的位置来辨别方向。不过，对于迁徙中的海龟来说，仅有"方向感"是不够的，它们的脑海中可能还有一张"地图"，用于明确自己的位置，并最终到达某个特定的目的地。当然，这一点只是猜想，真相还需要人们继续探索。

小知识

　　很多人看到过海龟流泪，这是什么原因呢？其实，那是海龟正在通过眼窝后边的盐腺排出身体所不需要的盐分，结果看起来就像在流泪一样。"流泪"是海龟基因里自带的技能。很多动物都需要排盐，不过方式不尽相同。鳄鱼和海龟一样，也会通过"流泪"来排出盐分，这也是成语"鳄鱼眼泪"的由来。

在水里开出的花——海葵

在海里，有种十分特别的生物，它们看起来就像盛开在海中的葵花，人们因此为其命名"海葵"。海葵喜欢栖息在浅海和岩岸的水洼或石缝中，它们柔弱又纤细的触手像花瓣一样在水中悠悠晃动，颇有一种美感。

海葵的身体构造十分简单，软弱无骨的躯体，呈现半透明状态；头上有一个口盘，中间是消化器官，旁边生长着很多触手；尾部像一个

基座，略微膨大，可以分泌黏液把身体固定在海底的礁石上。有时候，它们也会把家安在寄居蟹的外壳上。

海葵有很多种类，常见的有绿海葵、黄海葵、红海葵、橙海葵等。它们外形奇特，色彩艳丽，这些斑斓的色彩一部分来自其身体组织中的色素，另一部分来自共生藻。

与固定在海底某处的珊瑚不同，海葵并不会永远待在一个地方，它们就像海底的运动员，有的会像穿了溜冰鞋一样在海底滑行；有的会在海浪中做翻转运动；有的能在水中进行短距离游泳；极个别的还能靠基盘分泌的气囊倒挂在水层中浮游，远远一看，就像瘪了的气球一样。

虽然海葵看起来十分娇弱，但它们其实是生活在水中的捕食性动物。它们的食物包括鱼类、贝类、浮游动物等。海葵是如何狩猎的呢？

身为刺胞动物门的成员，海葵口盘上的触手前端分布着无数刺细胞，刺细胞的刺丝囊中含有带着毒素的刺丝。当触手受到外界刺激时，刺丝会瞬间发射毒液，将毒液注入刺激源的身体组织中。小鱼、小虾等动物一不小心就会中招，然后被触手送进消化腔里消化掉。

海葵美丽而暗藏杀气，却以少有的宽容大度，允许一些6~10厘米长的小鱼自由出入并栖身于其触手之间，这些小鱼，就是小丑鱼。小丑鱼以海葵为家，在其周围觅食，一遇险情就立即躲进海葵的触手间寻求保护。海葵保护了小丑鱼，小丑鱼也会为海葵引来食物，这就是生物间的互利共生。不过，并不是所有海葵都能成为小丑鱼的"好朋友"，全世界约有1200多种海葵，只有很少种类的海葵愿意为小丑鱼提供住所。

小知识

一般来说，像我们人类这样结构复杂的动物，肢体的数量是固定不变的，但海葵的触手却不同，它们长多少触手，是由"饭量"决定的。海葵最开始只有四个中心芽，当中心芽长成触手后，其他新触手的生长就是由食物的供应所驱动的。

蓝眼精灵——猫眼蝶螺

沙滩下卧着一只只蓝绿色的"大眼睛"，它们躲藏在螺壳之中，不好意思露出脸来。这些害羞的小家伙有个美丽的名字——猫眼蝶螺。

猫眼蝶螺属于腹足纲蝶螺科，它们的螺壳塔顶很高，所有的螺层都是圆润饱满的凸起，像膨胀起来的花卷。它们的外壳整体呈现为球形或者梨形，像大理石一般，看起来厚重稳当。除了壳口边缘部分会比较统一地呈现为黄色或绿黄色以外，每一只猫眼蝶螺外壳表面的色彩、花纹都不尽相同，千变万化。

蝶螺科的大部分物种都分布于热带、亚热带和温带海洋中，其中又以热带水域为主，从沙滩至水深3400米的海底都有它们的身影。它们喜欢栖息于浅海中有藻类生长的岩石、珊瑚礁附近，平常以岩石上的海藻为食。猫眼蝶螺有很多近亲，例如银口蝶螺、金口蝶螺、夜光蝶螺等，其中，夜光蝶螺是蝶螺科中体形较大旳一种，与猫眼蝶螺同属于植食性贝类。

猫眼蝶螺真的有蓝色的"眼睛"吗？当然没有，蓝色的部分其实是它们那完全石灰化的口盖，口盖面向外层的中心部分在一系列化学反应后形成了蓝绿色的沉淀物，乍一看就像猫眼石一样，它们也因此有了"猫眼蝾螺"这个名字。

猫眼蝾螺美丽的螺纹外壳是它们劳动的结晶。为了制作坚硬又美观的外壳，猫眼蝾螺将身体里沉积的碳酸钙浓缩，形成一种矿物结晶。螺壳中最先制作完成的是外壳层，在外壳层形成之后，猫眼蝾螺会利用碳酸钙在外壳层的内面制作中壳层和内壳层。猫眼蝾螺的外壳层会逐渐向外移，从壳轴上一直向外叠去，随着螺纹渐渐增多，猫眼蝾螺也就长大了。

小知识

猫眼蝾螺在我国海南省的西瑁洲岛以及台湾地区的垦丁和绿岛等地的浅海均有分布。它们不像其他海螺那样喜欢黏着岩石，而是喜欢躲在沙地或泥滩里面，张开饱满的、圆形的肉，在泥沙里面呼吸。如果你在海边看到沙地有轻微的起伏，很可能下面就有一只猫眼蝾螺哦！

第三章
危险的猎手

    海洋里生机勃勃，但也危机四伏。这里生活着许多大型的掠食动物，它们分布于深海、浅海和大陆架的各个位置，担当着最顶尖的猎人角色。为了捕猎，这些海洋生物的武器和招数层出不穷，令人惊叹。

顶级掠食者——虎鲸

　　虎鲸是偶蹄目海豚科的哺乳动物，虽然看起来"萌萌哒"，但它们可是处于海洋食物链顶端的掠食者，可谓真正的强无敌手，连体形硕大的鲸和鲨鱼都会成为它们的盘中餐。

　　作为海豚科中体形最大的一种，成年雄性虎鲸平均长度为 8 米，最高纪录是 9.75 米，体重能达到 5.5 吨。虎鲸外表大致呈纺锤形，表面光滑，皮肤表层下有厚厚的脂肪可以用来保存身体的热量。它们的肤色黑白分明，白色主要集中在腹部和眼下。虎鲸的头部较圆，鼻孔长在头顶上，当它们浮到水面上唤气时，就会带起一股喷泉似的水雾。

　　为了获取身体所需的能量，虎鲸每天需要吃大约 45 千克的食物。许多虎鲸会通过团队作战来获取食物。虎鲸队伍在海洋中简直所向披靡，它们甚至还会根据对象的不同使用不同的捕食对策，用高频率的歌声相互沟通，策划并实施不同的战术。比如有的虎鲸喜欢吃鱼，当成群的鲱鱼出现在它们眼前时，虎鲸群里会自动分出两只去将鲱鱼群打乱，分割出刚好够它们捕食的数量。随后队伍里的其他虎鲸会将分割出来的鱼群慢慢围住，将其逼到海水表层。这些虎鲸甚至还会一起制造海浪，将鲱鱼拍晕，接下来就可以美美地饱餐一顿了。

有些虎鲸非常爱吃海豹和海狮。它们有时会掀起汹涌的浪花，把浮冰上的海豹卷下海去；有时甚至会直接冲上海滩，冒着搁浅的危险撕咬海狮。

不仅海豹在虎鲸面前没有还手之力，就算是凶残的鲨鱼，到了虎鲸面前一样难逃厄运。有的虎鲸酷爱鲨鱼的肝脏，它们似乎知道大型鲨鱼一旦停止游泳就会窒息，因此会把鲨鱼撞晕或者撞翻，让鲨鱼窒息而死，然后咬破鲨鱼的肚皮，就像我们吃田螺那样，一口把鲨鱼的肝脏"嗦"出来。

杀伐果断的虎鲸，偶尔也会露出温情的一面，比如当它们面对幼崽的时候。虎鲸是极具社会性的生物，成年的雄性虎鲸会耗费很多心力来教小虎鲸捕猎，并带它们出海实战，以将种族的生存和捕猎技巧传承下去。

小知识

虎鲸的牙齿很容易磨损，且无法更换。它们的嘴很大，上下颌共有40~50颗圆锥形的牙齿，呈椭圆形排列，齿尖向内。与鲨鱼不同，它们的牙齿是不能更换的，因此不能吃太坚硬的食物，不然会加速磨损。没想到吧，堂堂虎鲸也有牙齿的烦恼呢！

深海獠牙——抹香鲸

在弱肉强食的海洋生物世界里，体形的大小很大程度上决定了它们的生存话语权，抹香鲸就是这样的巨大存在。抹香鲸是目前已知的世界上体形最大的齿鲸，它们的体长大多超过 10 米，体重超过 50 吨，有的甚至体长达到 20 米，体重超过 70 吨。

在鲸类家族中，抹香鲸十分容易识别：它们有一个与身体完全不成比例的大脑袋和一双隐藏得完美的小眼睛；它们的下颌十分短小，看上去根本不像攻击型选手。幸好，它们还长有一排锋利的、如同倒钩一般的牙齿，虽然在进食上的功能不强，但可以用于个体间的打斗。

抹香鲸喷出的水雾柱也和其他鲸不太一样，它们是以 45° 角喷出的。为什么呢？因为它们只有左侧的鼻孔能用来呼吸，右侧的鼻孔早已进化成了空气贮存器。为了在深海压力下保持一定的气体压力，它们的右鼻孔并不与外界联通，而是与肺部相通。因此，抹香鲸在浮出水面呼吸时，习惯向右倾斜身体，让水雾柱以约 45° 角从左鼻孔喷出。

抹香鲸有一项让其他鲸类望尘莫及的本领——潜水。它们是公认的潜水高手，一次潜水的时间可达 2 小时，是潜水最深、时间最长的哺乳动物之一。

为什么抹香鲸能够潜这么久呢？

首先是因为抹香鲸肌肉中的肌红蛋白比其他哺乳动物丰富得多，能够储存大量的氧气。它们的头腔室里还有大量的鲸脑油，那是一种神奇的脂肪，可以固液态转变，利用这种转变可以改变头部的密度，实现深潜或上浮。

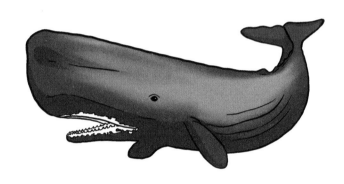

其次是因为抹香鲸喜欢的食物，例如大王乌贼，大多生活在深海。大王乌贼是世界上最长的软体动物，可达 13 米，主要活动在 400~3800 米深的水域。大王乌贼是抹香鲸最爱的食物，抹香鲸也是它们唯一的天敌。如果大王乌贼不幸遇上抹香鲸的话，一场追逐是少不了的。抹香鲸在海里张着大嘴一个俯冲，就能够瞬间衔住大王乌贼的头，用如钩子一般强有力的牙齿将其狠狠咬住，任凭大王乌贼如何挣扎都不会松口。抹香鲸的身上有很多大王乌贼的吸盘留下来的伤疤，这是它们身为"大王乌贼猎人"的"荣誉勋章"。

抹香鲸是群居物种，它们在海中是通过声音来交流的。据资料显示，蓝鲸的声音强度可达 188 分贝，远在几千米外都能听见。而抹香鲸的声音居然比蓝鲸更响亮，能达到230分贝，比火箭升空时的爆破声还要响。在它们面前，哪怕身怀"狮吼功"，也只能甘拜下风。

"匹夫无罪，怀璧其罪"，在20世纪70年代以前，抹香鲸一直是商业捕杀的对象。人们觊觎它们头腔室里的鲸脑油，还有它们的肠道结石——龙涎香。现在，抹香鲸已经被列入《濒危野生动植物种国际贸易公约》，但偷猎事件仍时有发生。

小知识

　　抹香鲸在维护海洋生态系统方面发挥着重要作用。抹香鲸的排泄物中含有丰富的铁元素，这些排泄物在从深海不断浮至海面的过程中，加强了海水中的养分循环，推动了浮游植物的生长，而浮游植物又能够从空气中吸收二氧化碳。据研究，抹香鲸每年可通过这种方式间接消除或转化约40万吨的碳。

恐怖潜伏者——噬人鲨

　　说到海洋中最恐怖的生物，很多人会想到它们——噬人鲨，也就是人们俗称的"大白鲨"。在许多影视作品中，大白鲨都是作为最后的猎手形象出现的，给不少人留下了心理阴影。

　　噬人鲨的适应能力非常强，几乎存在于所有热带、亚热带和温带海区，它们通常在海洋表层活动，但有时也会出现在千米以下的深海。从名字我们就可以看出噬人鲨性情凶猛，事实也是如此，海洋中绝大多数动物都不是它们的对手。除了称霸海洋外，噬人鲨还会袭击船只和落水的人类，是公认的最凶残的鲨鱼之一。

　　常见的噬人鲨背部多为青灰色，腹部白色，体长可达6米，整体呈纺锤形，上半身粗壮，下半身狭小，鼻头尖尖，嘴很宽，甚至不用

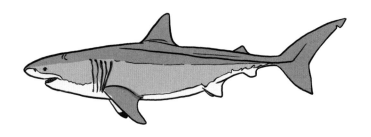

张嘴就可以看到它们的尖锐牙齿。要知道，鲨鱼的牙齿可不止一排，而是很多排，每当前排的牙齿磨损退役后，后排的牙齿就会向前补上——就像一个无止境的牙齿传送带，想想就很恐怖！

在搜索猎物时，噬人鲨的路线通常十分明确：要么在海底游弋，要么在沿海群岛附近的海面巡逻。它们的目标是海豹、海狮、海象等大型哺乳动物。凭借着极其灵敏的嗅觉和触觉，它们可以感知到1千米外被稀释的血液气味，还能觉察到水中残留的猎物经过时肌肉收缩所产生的微小电流，以此判断猎物的体形。

为了有效捕获猎物，噬人鲨会选择以潜伏的方式靠近，然后在恰当的时机发动突然袭击。深色的脊背给了它们很好的掩护，让水面上的猎物很难在第一时间察觉到它们的靠近。当时机成熟时，大白鲨便会像离弦的箭一般从水下冲向猎物，将猎物一口咬伤。当猎物失去反抗能力后，噬人鲨就会停下攻击，等待其慢慢死去，然后再享用猎物。

噬人鲨属于半恒温动物，它们利用因流过尾部的肌肉而升温的静脉血来保持动脉血的温度，以此保持高于环境温度的体温，即使在非常冷的海水里也可以舒适地生活。这也意味着，它们的捕猎范围是非常宽广的。

小知识

噬人鲨又名白鲨、白鲛、食人鲛，俗称"白色死神"，但它们袭击人类的次数其实远不如远洋白鳍鲨。噬人鲨更喜欢富含脂肪的动物，如海洋哺乳动物，而不是脂肪含量相对较低、能量贫乏的人类。

随船杀手——远洋白鳍鲨

人们常以为"闻血而来，伺机而动"的噬人鲨是海洋中最凶残的生物，但其实，对人类而言，海洋里最危险的还不是它们，而是一种喜欢围在船只周围的"随船杀手"——远洋白鳍鲨。

远洋白鳍鲨是一种分布于热带和温暖海域上层的大型鲨鱼，体长可达3米，体重可达170千克。它们拥有典型的真鲨科特征，身体略扁平，背部弯曲，胸鳍和背鳍比其他鲨鱼大得多、圆得多，大部分鳍的外缘都镶有白色外边。

远洋白鳍鲨不是单纯的昼行性动物，它们精力十分旺盛，夜晚也常常活动。它们游泳的速度很慢，通常独行，但也有例外，比如遇到领航鲸或海豚的话，它们会甘愿当个"小跟班"。1988年，曾有人看到一只远洋白鳍鲨和一只短肢领航鲸一起活动。

远洋白鳍鲨的主要食物是浮游头足纲和硬骨鱼类，不过它们也会吃海龟、鸟类以及哺乳动物的腐肉，食物来源非常多样。

远洋白鳍鲨是竞争性的机会主义猎食者，会利用眼前的资源伺机捕食，不放过任何一个可能的目标。它们会直接张大嘴朝着鱼群游过去，能吃多少算多少。远洋白鳍鲨有时也会跟在更凶猛的海洋猎手身后"蹭吃蹭喝"，对方吃剩下的就成了它们的美食。

　　远洋白鳍鲨偶尔也会遇到现成的食物，这时，用不着通知，多条远洋白鳍鲨就自己凑过来了。它们会用尽全力撕扯猎物，并用最快的速度将食物吞入腹中，好像生怕有人来抢一样。

　　远洋白鳍鲨之所以能够和大白鲨齐名，是因为它们的目标导向性。在它们眼中，只要是掉进海里的，就都是食物。因此，它们对于海难或空难事件的幸存者来说是非常危险的，说它们是最危险的鲨鱼也不为过。据相关统计，它们攻击人类的次数比其他鲨鱼的总和还要多。

小知识

　　远洋白鳍鲨对人类的威胁绝非空穴来风，曾有资料记载，第二次世界大战期间，一艘承载了近千人的汽轮不幸被德军潜艇击沉，更不幸的是，落水的人遭遇了远洋白鳍鲨的攻击，最终仅有 192 人生还。

无情"剑客"——旗鱼

目前已知人类中跑得最快的人是"飞人"博尔特，那么海洋中游得最快的是什么鱼呢？今天，我们要介绍的就是游泳冠军——旗鱼。

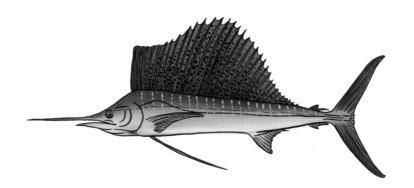

旗鱼是活跃于热带、亚热带海域的鱼类，它们在外形上的最大特征就是拥有又宽又大的背鳍，在水中游动时就像随风飘展的旗帜，"旗鱼"之称也由此得来。

旗鱼可以说是海洋里各种中小型鱼类的噩梦，秋刀鱼、沙丁鱼、金枪鱼等都不敢出现在它们的周围。成年旗鱼体长约 3 米，是名副其实的大鱼，而它们同时拥有特殊的"武器"——又细又长的上颌，长度可达身长的四分之一，犹如一把利剑，极具攻击性。不仅如此，旗鱼还深谙"天下武功，唯快不破"的道理，将游泳速度提升到了极致。

根据测算，旗鱼的平均时速在 90 千米以上。甚至有一些资料显示，旗鱼的最快速度超过了每小时 130 千米。这是什么概念呢？在 50 米标准游泳池中，旗鱼游一个来回仅需要大约 2 秒。在奇快无比的速度和强韧"利剑"的帮助下，旗鱼稳稳地站在了海洋食物链的顶端。

受洋流、海水温度等因素的影响，每年的 5 月到 7 月，数以万计的沙丁鱼沿南非海域向北迁徙，这也是旗鱼享受"佳肴"的日子。面对鱼群，旗鱼一摆尾就冲了进去，转眼间就将上颌刺进了一排沙丁鱼的身体。无论沙丁鱼群如何变换阵形，旗鱼只要把长嘴插进去，就不可能空手而归。

即使鱼群被冲散了，旗鱼也能凭借超快的游速让目标难以逃脱。而且旗鱼在捕猎时，为了提高成功率，通常采取群体作战的策略，对手很难预测它们的进攻方向。

为什么旗鱼体形那么大，游泳速度还能那么快呢？

首先是因为它们有一颗强大的心脏。成年旗鱼体重达到数百千克，且大部分都是肌肉。发达的肌肉让旗鱼可以毫不费力地不断摆动强壮而有力的尾鳍。在高速游动之后，肌肉会缺氧，而旗鱼可以通过强大的心脏和不断开合的鳃部来实现快速氧气供给。

其次是因为它们有利剑般的上颌和流线型的身躯。又细又长的上颌能将水快速地向两边分开，同时流线型的身躯可大大减少水的阻力，这样游泳速度当然快啦！

 小知识

　　旗鱼利剑般的上颌十分坚硬，甚至可以刺穿邮轮的钢板。有资料记载，第二次世界大战期间，一艘英国轮船在大西洋上航行时，就曾受到旗鱼的攻击，轮船钢板被刺穿，船舱开始进水，还好船员反应迅速，捉住了旗鱼，保全了船体。

海鸟的噩梦——珍鲹

　　我国南海的鱼类资源极其丰富，其中不乏一些稀奇古怪的种类，比如会吃鸟的鱼。

　　这种鱼名叫珍鲹（shēn），又名白面弄鱼、浪人鲹，广泛分布于印度洋和太平洋海域。它们生性凶猛，所到之处，一切小鱼都会成为它们的食物。它们偏爱梅鲷一类的鱼类，有时也会捕捉停留在海面的鸟类以及幼龟。在鸟类中，它们尤其爱吃燕鸥——一种善于捕鱼的鸟，大概燕鸥也没想到它们还有被鱼反捕的一天。

珍鲹的外形整体看起来十分肥硕，但长鳍却极为纤细；腹部是银白色的，背部呈现蓝绿色，鱼鳍和身体的边缘长有一些淡黄色的小斑点；下颌比上颌宽，下颌长有一个囊袋，从外貌上就给人一种非常凶狠的感觉。珍鲹体长最大可达 1.6 米，壮得好似海洋中的野牛。壮硕和力大，让它们在海洋中自由自在，除了鲨鱼和人类之外，几乎没有其他生物能威胁到它们。

珍鲹的嘴极为硕大，当它们准备狩猎的时候，会突然张开大嘴，将下颌的皮肤完全伸展开，一口将食物整个吞下。

除了嘴大，珍鲹的速度也很快，在水中的游速最高可达每小时 60 千米。燕鸥在繁殖季，为了哺育刚出生的雏鸟，会耗费大量的时间在海面寻找食物。"螳螂捕蝉，黄雀在后"，当燕鸥捕猎的时候，珍鲹也"看上"了它们。珍鲹会一直尾随在水面飞行的燕鸥，等待时机。

我们无法想象这种生活在水面下的鱼类究竟拥有多么聪明的大脑，它们居然能够在燕鸥刚好靠近水面的时候精准出击，一瞬间就完成了狩猎。难道它们可以计算燕鸥的飞行速度和轨迹？因为只有那样，它们才可能在那短短的一瞬间，完成这一系列动作：冲出海面，张开大嘴，"飞"向空中的燕鸥，将其一口咬住。

小知识

　　珍鲹也喜欢群体狩猎。当它们发现鱼群时，整个狩猎队就会蜂拥而上，凶猛抢食，有时甚至不分敌我，把队伍里的珍鲹幼崽也给误吞了，其凶残程度可见一斑。

伏击专家——瞻星鱼

大海中有一种鱼，看起来像是拥有表情，而且十分忧伤，似乎还带着一丝崩溃……这种"悲伤"的鱼，就是瞻星鱼。

瞻星鱼性情凶猛，属于肉食性动物，小鱼和甲壳类动物是它们的主食，它们通常在200~300米深的海底礁石外缘沙地狩猎。

瞻星鱼体长15~100厘米，全世界的浅海中都有它们的身影。瞻星鱼外形独特：一颗扁平的大头，上面镶嵌着一双大眼和一张倒"U"形的大嘴；全身皮肤光滑，灰褐色和橙灰色交织，像是在背上披了一张渔网。因为头大，它们的鱼鳃也很大，从头部延伸出一个半圆形。它们还有像手臂一样灵活的腹鳍，刨起沙来速度惊人。

瞻星鱼是伏击专家，它们有的嘴里长着一根会扭动的肉条，可以像鱼饵一样吸引猎物。狩猎时，瞻星鱼会将自己的身子埋于温暖海域的沙床之中，只露出大嘴和双眼，然后把"鱼饵"放出去，等到有嘴馋的小鱼送上门来，就伺机跃起捕食。它们捕食的速度极快，只需要0.15秒就可以完成狩猎。

　　除了伏击这一招以外，瞻星鱼还会放电。它们的放电器官位于眼睛后面，触发之后会制造一股流通全身的电流，只是放电的时间极短，毫秒之间便已结束。要想继续放电，必须休息一会儿才行，就像游戏中的"技能冷却时间"一样。它们的身上还带有"电板"，就是那些极端扁平的肌细胞，可以像电容器一样，让瞻星鱼随时"有电"。瞻星鱼会在胸鳍旁边的海水中放电，制造一个神奇的漩涡，以此吸引一些正在觅食的中型鱼类。当有猎物靠近时，它们就会马上释放出电压高达50伏特的电流，把猎物电晕。这招也可以吓退侵犯者，但不足以击晕大型猎物。

　　作为天生的猎人，瞻星鱼甚至还会用毒。它们的毒液储存在背部的尖锐骨刺里，遇到危险时，瞻星鱼会用毒液吓退猎食者。对人类来说，这种毒液虽然不致命，但足以让人受伤，因此遇到瞻星鱼时一定要小心。

　　在某些国家，瞻星鱼还被人们端上了餐桌，不过它们的肉质并不算鲜美，只能当作鱼杂料理。

小知识

　　有人可能会问，瞻星鱼天天埋伏在沙子里，会不会吃到一嘴沙呀？答案是完全不会，因为瞻星鱼的嘴巴上面密密麻麻地分布着一些细小的刚毛，就像拉链一样，这样它们在沙子里埋伏的时候，只要闭上嘴巴，沙子就别想进到它们的嘴里了。

第四章
长相奇特的水中"毒物"

　　大海中除了凶猛的猎手，也有很多弱小的鱼类和软体动物。没有尖牙利齿的它们是如何自保的呢？大自然优胜劣汰，这些生物能够存活到今天，早已进化出了自己的生存绝技，其中之一就是——用毒。

隐秘的神射手——杀手芋螺

在巴西的海滩上，有一种美丽的海螺，它们的螺壳表面有不规则的褐色点状细纹，形状很像鸡心或芋头，被人们称为杀手芋螺，也叫地纹芋螺或鸡心螺。

杀手芋螺通常栖息在暖海珊瑚礁和近海沙滩，最长能长到23厘米左右。它们的外壳前方尖而瘦，后端粗大，螺体呈倒锥形，壳口细长，像微微展开了一瓣的花骨朵。它们的外壳表面或平滑，或布满小刺，纹路各不相同。杀手芋螺的亲戚大约有800种，遍布世界各地。

杀手芋螺以食肉为主，通常以海洋蠕虫类动物、小鱼或者其他软体动物为食。但是，它们背着沉重的螺壳，行动缓慢，是怎么捕食，

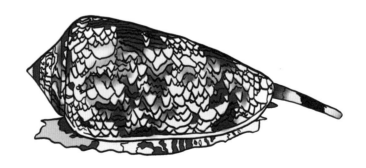

尤其是捉到灵活的小鱼的呢？不要担心，杀手芋螺有自己的捕食小诀窍。它们的嘴里藏着一根"吹箭"，那是它们特化的齿舌，其中充满了毒素。

在捕食的时候，杀手芋螺会把身体埋伏在沙子里，仅把鼻子露在外面。它们一边获取氧气，一边观察猎物的动静。当猎物进入射程范围后，它们就将长长的齿舌伸出去，然后通过肌肉的收缩，迅速发射一个装满毒液的"飞镖"到猎物身上。毒液进入猎物的身体后，毒素会在几秒之内扩散至其全身，断开其神经信号中枢，让其肌肉痉挛，失去对身体的控制能力。这时，杀手芋螺就会收起齿舌，将已被制伏的猎物拖入口中。

科学家们从杀手芋螺的毒液中检测出数百种不同的成分，而且不同种类芋螺的毒液的成分有很大的差异，这些不同的毒素被统称为"芋螺毒素"。芋螺毒素中含有缩氨酸，能阻断神经通道，同时含有镇定的成分，让中毒的生物在平静中死去。有些杀手芋螺还含有河豚毒素，能够让人神经瘫痪。

所以，如果你在沙滩上看到了杀手芋螺，千万不要随意触碰哦！活的杀手芋螺随时都可能发射"毒镖"，人类如果被刺中，也是非常危险的。

小知识

杀手芋螺可以说是最危险的软体动物之一了，它们的毒性之强，连剧毒的蓝环章鱼也甘拜下风。人们还送了杀手芋螺一个形象的外号——"雪茄螺"，意思是它们的毒素可以让人在抽完一支雪茄的时间内中毒身亡。

珊瑚礁的统治者——蓑鲉

在温带海域的浅海珊瑚礁、桥桩、岩礁或海底水草丛中，生活着一种身披华服、长着彩翼的鱼儿，它们的名字是蓑鲉（suō yóu）。

蓑鲉体形不大，只有25~40厘米长，色彩艳丽，身上有与斑马类似的条纹，红黄相间或者红棕相间，非常漂亮。它们的胸鳍和背鳍上，

有很多延展出来的鳍条，既像一条条彩旗，又像狮子的鬃毛，因此蓑鲉也被称为"狮子鱼"。

乍一看，蓑鲉仿佛全身都"支棱"着：它们的背鳍竖立，一根根地直冲天上，很有"杀马特"气质；它们的胸鳍也很长，展开时犹如羽毛；它们的眼睛上长着一对尖锐的触角，像怒气冲冲的公牛；它们的头下还有像吸盘一样的腹鳍，可以用来吸附其他物体。

蓑鲉是处于珊瑚礁区域食物链顶端的掠食者，性格孤僻，喜欢独自狩猎，珊瑚礁附近的甲壳类动物、无脊椎动物和小型鱼类都是它们的食物。一条成年蓑鲉每年会吃掉约等同于自身体重8倍的食物。

蓑鲉喜欢在夜晚捕食。它们借助珊瑚及岩石的阴影隐藏自身，无须花费多少精力，只要在暗处等待，等猎物靠近后发动突然袭击，就能捕获猎物。它们狩猎的时候，会把所有的鳍条一一展开，让自身颜色和身后鲜艳的珊瑚礁融为一体，小鱼一旦放松警惕，就会成为它们的盘中餐。

蓑鲉之所以大名远扬，不光因为华丽的外貌，还因为它们的毒性。它们的毒腺分布在鳍条的根部及口周围的皮瓣上。遇到敌人时，蓑鲉会不停地收放全身的鳍条，并侧身让背鳍倾斜着向对方冲刺。这样做的好处是，一旦掠食者将其吞入口中，那它的喉咙也一定会被蓑鲉遍布全身的鳍条卡住，甚至会被毒棘刺伤，瞬间麻痹，这时，蓑鲉就能逃出生天了。

如果两条雄性蓑鲉在捕食时相遇，那么更具有攻击性的那条就会将自己的体色转暗，并将自己的毒棘指向对方，而弱势的那条则会收起胸鳍，默默离开。

小知识

　　生性孤僻的蓑鲉只有在繁殖期才会和其他同类有所接触。这时，雄性蓑鲉的体色会变暗、发黑，条纹变得不明显，整体颜色显得更均匀。而已经孕育成熟鱼卵的雌性蓑鲉，体色则会变得苍白，腹部、咽部及吻都会变成白色。

致命的伪装者——玫瑰毒鲉

在神秘的海底，生活着很多造型奇特的鱼，但要说到外貌丑陋的鱼，很多人会想到它们——玫瑰毒鲉，也就是人们俗称的"石头鱼"。

玫瑰毒鲉是毒鲉科的一种，它们没有鳞片，身体表面凹凸不平且有很多皮质突起，就像被开水烫过一样。它们的肚子很大，尾翼窄小，身体弯曲的时候很像一个浑圆的逗号。

虽然长相不佳，但玫瑰毒鲉的捕食能力却十分出众。奇特的外形为它们提供了最好的伪装，而且，它们的皮肤颜色还可以随着海底环境的变化而改变，就像变色龙一样。

玫瑰毒鲉通常生活在热带海域及咸淡水的交界处，这些区域鱼类密集，食物丰富，是绝佳的捕食地点。在捕食的时候，玫瑰毒鲉会潜伏在珊瑚礁或海底砂石中，将体色改变为与周围环境相似的颜色，然后保持一动不动，就像块不起眼的石头。人们仅凭肉眼很难识破它们的伪装。玫瑰毒鲉最爱吃小鱼，也吃藻类和浮游动物。只要小鱼靠近它们潜伏的地方，它们就会以迅雷不及掩耳之势张开大嘴，将其一口吞下。

除了强大的伪装技能以外，玫瑰毒鲉还拥有致命的毒素。它们的脊背上有 12~14 根像针一样锐利的背刺，背刺的基部拥有数条蕴含神经毒素的毒腺。这些背刺能够轻易地穿透猎物的身体，使猎物很快中毒瘫痪或死亡。

玫瑰毒鲉常出没在浅海的礁石附近，每次落潮后，礁石下那些坑坑洼洼的水洞里就可能有它们的身影。如果在海边玩耍时，不小心遇到了玫瑰毒鲉，一定要离得远一点，因为它们可不管你有没有恶意，找准机会就会直接发起攻击。玫瑰毒鲉的致命一刺被描述为"给予人类最疼的刺痛"，它们的背刺能够穿透鞋底，刺入脚掌，释放毒素的同时还会带来剧烈的疼痛，让人难以招架。

玫瑰毒鲉的毒素轻则致人头晕、水肿，重则使人丧命，而人类目前还没有研发出有效应对这种毒素的抗毒血清。

小知识

虽然玫瑰毒鲉长得丑，还有毒，但它们肉质鲜嫩，营养丰富，因此也成了人类的"盘中餐"。不过，在宰杀和处理玫瑰毒鲉的过程中，一定要格外注意，不要被毒刺刺伤，而且要将有毒部位清理干净后再食用哦！

头顶长角的鱼——角箱鲀

你见过头上长角的怪鱼吗？这样的怪鱼还真的存在呢！它们不仅长着角，外貌也很奇特，它们就是角箱鲀（tún）。

角箱鲀也叫长角牛鱼，属于鲀形目箱鲀科角箱鲀属，爱吃小型鱼类和各类有机质碎屑，常常出没在太平洋热带、亚热带海域的藻丛区。

角箱鲀体长一般只有 10~25 厘米，整休呈现为不规则的菱形；头部长着一对尖尖的角，跟脊背平齐；骨骼非常坚硬，全身黄色至橄榄色，有白色或蓝色的斑点；腹部也有一对向后伸出去的角，与头部的角如出一辙，"角箱鲀"的名字就是这么来的。它们的胸鳍和尾巴就像扇子一样，能够在加速时收拢，在玩耍时散开，十分灵动。

角箱鲀让人称奇的还有它们的相貌：平整宽阔的面部长了一对突出的大眼和一张与其他鱼类迥然不同的"丰满"嘴唇，嘴边还长了一圈"络腮胡"。光是想象，就要笑出声来了。

这些可爱的特点也让角箱鲀成了人类的"新宠"，甚至有养鱼爱好者把它们当作观赏鱼养了起来，殊不知这样做危险重重，因为角箱鲀也符合"越美丽的东西往往越危险"这个定律。当它们受到惊吓，或者皮肤受损时，它们的皮肤上就会分泌一种有着剧烈毒性的毒素，一不小心便会使人中毒。

角箱鲀看似身体笨拙，但其实灵活度很高。在错综复杂的珊瑚枝杈和礁石缝隙中，它们自由来去。背鳍和臀鳍给了它们强大的推动力，尾鳍则让它们加速前进。遇到危险的时候，它们还能通过胸鳍与尾鳍的配合，在极小的空间内完成180°转身，瞬间游到隐蔽处，反应速度极佳。

角箱鲀常在水深18~100米的海域活动，以多种底栖动物为食，如海鞘、海绵、软珊瑚、藻类等。有时，人们会在河口附近看见它们的幼鱼，这些幼鱼游泳能力较弱，但能附在海藻上漂浮得很远。

角箱鲀身体摸起来十分坚硬，这是因为它们的骨骼是闭合的，即使死去也不会变形。一些旅游地甚至将角箱鲀的骨架当作工艺品出售。

小知识

　　箱鲀科鱼类有自稳的性质，能在水流中让身体保持稳定。受它们的启发，德国梅赛德斯 - 奔驰公司在 2005 年发布了一款鱼型仿生概念车，我国也有学者根据箱鲀研发了仿生水下机器人。

蓝色妖姬——蓝环章鱼

太平洋中有一种色彩鲜艳的章鱼，美得像孩子笔下的画儿一样，人们叫它们蓝环章鱼。它们个头很小，体长不超过15厘米，看起来美丽而无害，但事实是，人一旦被其攻击，它们的剧毒便会进入人体，不及时救治就会有生命危险。因此，蓝环章鱼是名副其实的美丽毒物。

虽然杀伤力巨大，但蓝环章鱼其实很"害羞"，它们通常白天躲藏在石下，晚上才出来活动，找一些小鱼小虾吃。它们的体表是黄褐色的，有许多鲜艳的蓝环图案，"蓝环章鱼"之名也由此而来。当受到刺激时，它们身上的蓝环会变得更加鲜艳，且不断闪烁，像是在警告来犯者。

蓝环章鱼的皮肤上分布着各种各样的色素细胞，这些色素细胞可以在神经的支配下收缩或扩张，改变各种颜色的比例，也就改变了皮肤的颜色。通常，蓝环变亮就是它们释放毒素前的预警。

不过，蓝环章鱼的毒素并不在皮肤上，而是在它们的唾液腺中。这些毒素不是它们自己分泌的，而是由寄生在它们身体里的细菌制造的。当生物体被蓝环章鱼攻击后，毒素会直接从血液进入生物体的神经系统，使其全身肌肉瘫痪，无法动弹。这样一来，生物体不但会任

由蓝环章鱼摆布，还会因为呼吸心跳停止而死亡。

　　蓝环章鱼与澳大利亚箱形水母都是毒性很强的海洋生物，它们的毒液可以在数分钟内置人于死地。如果不幸被蓝环章鱼噬咬，毒素很快就会到达人的神经中枢，使肌肉瘫痪，这时人还是清醒的，但却不能动弹。随后，人会呼吸停滞，最终心跳停止。如果游泳的人在海中被噬咬，也可能会因此溺水而亡。

小 知 识

　　蓝环章鱼是已知毒性最猛烈的海洋动物之一。小小一只蓝环章鱼，携带的毒素足以威胁26名成年人的生命。它们的毒液会妨碍人体的凝血功能，使伤口出血不止，且刺痛难忍。中毒深的人很可能丧命，而中毒轻者也需治疗三四周才能恢复健康。

死亡加速剂——澳大利亚箱形水母

　　澳大利亚箱形水母，俗称海黄蜂，又被称为"海洋中的透明杀手"。这种水母生活在澳大利亚和新几内亚北部、菲律宾、越南等地的海域中，自有记录以来，由它们造成的人类伤亡事件数不胜数。

　　澳大利亚箱形水母通体透明，形状像个箱子，有四个明显的侧面以及 24 只眼睛。这些眼睛分布在管状身体顶端的箱体上，分为四种类型，拥有精细的功能划分：有能感知光线强弱的，有能感知色彩和物体大小的，还有能处理更复杂信息的。这些眼睛让它们的视野 360° 无死角，帮助它们有效地避开障碍物，在海水中畅游。

　　人们惊叹于澳大利亚箱形水母的美丽，但也因深知它们的毒性而不敢靠近。澳大利亚箱形水母有多达 60 根触须，这些触须最长可达 9 米，每一根触须上都布满了剧毒的刺细胞。这些刺细胞里盘绕着一根空心的毒针，一旦遇到刺激，就会突然伸展，将毒液送入侵犯者体内。

　　澳大利亚箱形水母在海洋中几乎无往不利，当发现猎物时，它们会通过变换体腔打开的位置来改变前进的方向，用触须将其缠绕起来，然后释放毒液，让猎物中毒死亡。那些小鱼一旦被缠上，几乎没有逃生的可能。等到猎物没了动静，它们这才用触手将其送入口中，慢慢消化。

　　值得一提的是，澳大利亚箱形水母的触须不仅是它们的武器和进食的工具，同时也承担了感受器的作用。触手能够在触碰到猎物的时候，识别其中所蕴含的蛋白质，并将信息传递给大脑。

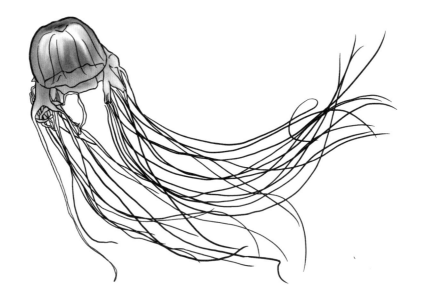

　　澳大利亚箱形水母的神经无比敏感，哪怕是一丝细微的触碰都会刺激到它们，然后微小的毒刺就会蓄势待发。它们的触手即使在脱落后也能保持攻击的能力，正在游泳或潜水的人，如果被这样的触手缠住，同样会被注射许多毒液。被澳大利亚箱形水母刺伤的人，严重者几分钟内器官功能就会衰竭，只有马上注射解毒药，才能挽回一命。

小知识

　　一只澳大利亚箱形水母的毒素足以令 60 位成年人陷入濒死状态，4 分钟内如果没有得到有效救治，则将面临死亡。据统计，在澳大利亚昆士兰州沿海，近 25 年内因被澳大利亚箱形水母刺伤而中毒身亡的约有 60 人，而同时期内死于鲨鱼之口的只有 13 人。

第五章
海洋中的"金嗓子"

你听过海洋中的动物的叫声吗？其实呀，不少海洋动物都能发出声音，它们用声音来互相交流。除此之外，它们的声音在导航、求偶、警告捕食者和战斗中也发挥着重要作用。让我们一起来看看海洋中有哪些"金嗓子"和"大嗓门"吧！

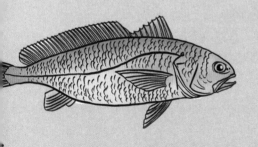

最吵大喇叭——加利福尼亚湾石首鱼

人类正常交谈的音量约为 60 分贝，音量超过 120 分贝的声音可能会影响我们的听觉。在墨西哥加利福尼亚湾有一种鱼，每年产卵季都要表演"鱼声大合唱"，音量达到惊人的 202 分贝，说是震耳欲聋也不为过。

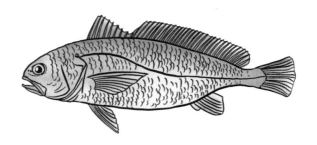

这种鱼就是加利福尼亚湾石首鱼，也叫加州犬型黄花鱼或麦氏托头石首鱼，仅分布于墨西哥加利福尼亚湾。它们体长能长到 2 米，体重能达到 100 千克，身材壮硕，头小嘴扁，鳃部突出。它们背部的皮肤是淡淡的橙黄色，腹部皮肤则是银白色。它们的下半部分有水波纹状的纹路，上半部分的纹路则像石头一样，故此得名石首鱼。

　　加利福尼亚湾石首鱼是天生的"大喇叭"，它们一条鱼发出的声音，就能达到177分贝。要知道，喷气式飞机的音量也才130分贝呢！它们的声音之大，就像把演唱会的音响放在了你的耳朵旁边一样，能让你的身体跟随节奏不断震动。

　　人们十分好奇这种鱼"唱歌"的原因，最后终于解开了这个秘密。原来，加利福尼亚湾石首鱼就像蟋蟀、蝉、青蛙一样，唱歌也是为了"呼唤"爱情。

　　每到产卵季节，加利福尼亚湾石首鱼都会成群结队地聚集到科罗拉多河三角洲，进行繁衍行为。雄鱼会通过鸣叫吸引雌鱼，与其共建家庭。有人做过统计，在直径27千米的范围内，大约聚集了150万条加利福尼亚湾石首鱼。它们同时唱歌的声音，堪比小型炸弹的爆破声，周围的生物根本不敢靠近。

　　加利福尼亚湾石首鱼是如何发出这么大的声音的呢？

　　科学研究发现，加利福尼亚湾石首鱼拥有强大的鱼鳔，连接鱼鳔的鼓肌也十分发达。鼓肌活动时，鱼鳔就像共鸣室一样让声音的音量不断增加，然后快速发出来。加利福尼亚湾石首鱼的叫声类似"古拉呱啦"，它们在发出这种声音时，会先收缩腹部，调动身体里的肌肉像鼓槌一样敲击鱼鳔。只要几条鱼共同鸣叫，就可以把环境音的音量提高21倍。

　　加利福尼亚湾石首鱼一年只产一次卵，再加上生长周期长，一条幼鱼平均5年以上才能成熟，因此数量并不算很多。此外，人类的密集捕捞也导致它们的数量越来越少。现在，加利福尼亚湾石首鱼已被国际自然保护联盟列入濒危物种红色名录，受到《濒危野生动植物种国际贸易公约》的保护。

小知识

加利福尼亚湾石首鱼的鱼鳔很大，晒干后即成花胶。花胶是市场上的高价商品，很多人认为它富有营养和药用价值，具有抗衰、防癌、止血等奇效，加利福尼亚湾石首鱼也因此遭到人类的盗捕。但实际上，花胶并没有什么药用价值，就连营养价值也低得出奇，甚至比不上鸡蛋清。

天生歌唱家——白鲸

在海洋里,有一群格外"仙气"的精灵,它们的皮肤白净光洁,声音嘹亮悦耳,经常成群跃出水面,赢得有幸见到的人的惊呼。这些美丽的海洋精灵,就是白鲸。

白鲸是一种鲸豚类动物,体长可达 6 米,雄体大于雌体。白鲸幼年时体色是蓝灰色的,成年后变为白色。白鲸拥有"微笑唇"和"眯眯眼",还有饱满突出的大脑门,模样非常可爱。虽然长得可爱,但白鲸可不是"吃素的",它们有一口钉子般的利齿,吃起鱼来毫不含糊。它们的额头后方有一个气孔,那是它们的呼吸孔。白鲸没有背鳍,但有一双宽阔而灵活的胸鳍,能够掌握平衡,带来优美的泳姿。

人们喜爱白鲸,不仅因为它们有可爱的外貌,还因为它们拥有美妙的歌喉。白鲸是天生的歌唱家,它们的音域十分宽广,不仅能发出音量、音调和节拍各不相同的声音,还能模仿其他动物的叫声,变化丰富,让人惊叹。它们的叫声,有时似婴儿欢笑,有时似婉转鸟鸣,有时似动情口哨,有时似汽船鸣笛……不仅如此,它们还可以在"唱歌"时让脖子灵活转动，做出各种"卖萌"的动作和表情。这怎么能叫人不爱呢？

你知道白鲸是如何发出声音的吗？

白鲸是齿鲸的一种，生来就没有声带，它们多变的声音并不是通过声带发出来的，而是另有机关：白鲸有一个圆圆的大脑门，那是它的"额隆"，里面是空心的，连接着鼻腔。在鼻腔与额隆连接的地方，有几片灵活的肌肉，称为"声唇"。当白鲸想要唱歌的时候，就把空气从鼻腔挤进额隆，绷紧的声唇因此振动起来，也发出了歌声。

白鲸爱"唱歌"，既是自娱自乐，也是社交的一种。它们到了夏季会结群迁徙，一路上"载歌载舞"：它们会用自己的尾鳍拍击水面，发出有节奏的响声；它们会头顶着海藻，游上游下，互相追逐，发出跟孩子一样的笑声；它们还会顶着石头玩儿，像水中的杂技演员一般。多么肆意，多么愉快呀！

最后，再告诉你一个秘密：白鲸不会一直是白色的哦！到了夏季繁殖期的时候，白鲸的皮肤会变得略带黄色。等繁殖期过去，它们会蜕皮，重新变回白色精灵。怎么样，是不是很神奇呢？

小知识

白鲸脑袋前有一个凸出的部位，叫"额隆"。额隆可以发出一种人类听不到的超声波，用于回声定位，帮助白鲸感知附近物体的位置，以便有效地躲避危险或捕食。

洄游歌手——座头鲸

传说在遥远的海洋深处，生活着一群神秘的"海妖"，它们擅长吟唱，每当船只经过它们的驻地，就会听到缥缈的"海妖之歌"。后来，人们终于揭开了"海妖之歌"的秘密，原来神秘的"海妖"竟是座头鲸，"海妖之歌"就是座头鲸的歌声。

座头鲸是海洋里当之无愧的巨兽，它们平均体长约 13 米，体重能达到 30 吨。它们的头相对较小，扁而平，嘴大前突，嘴边有 20~30 个瘤状突起。它们的下巴到腹部有很多沟壑，呈线条状延伸。它们还拥有鲸类中最大的胸鳍，展开能达到 5 米，因此也被称为"大翅鲸"。

座头鲸体格庞大，但性格十分温顺。它们游泳速度不快，像温温吞吞的老人一般，有时一个小时才前进 15 千米。它们常常浮游于水面，露出一小截脊背，就像海面上凭空出现了一座小岛。座头鲸虽然平时慢吞吞的，但真要行动起来也很灵活，它们跃出水面的姿势就像鲲鹏展翅一般让人震撼。在跃起前，它们会先在水下逐渐加速，然后

"砰"的一下破水而出，身体垂直上升，等到胸鳍露出水面时，上半身便开始向后腾转，做出一个体操运动员拿手的后滚翻动作，最后坠入水中，发出一段鲸鸣。

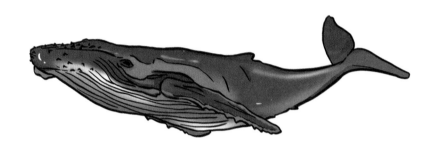

座头鲸有洄游的习性，它们常常边游边唱，歌声嘹亮，哪怕远在80千米外都能听到。它们的音乐有自己的节奏，起承转合，尽显章法，一首歌的时间从几分钟到半小时不等。它们的歌的节奏音与西方交响乐的节奏音类似，交替反复，很有规律。

唱歌是座头鲸繁衍种族的一个重要步骤，雄性需要通过吟唱来吸引远方的雌性，然后与其共建家庭，繁衍后代。

庞大的身躯赋予了座头鲸极高的智商，它们的大脑容量是人类的五倍，脑部皮层上的沟壑也与人类的一样。它们创造出来的音乐，曲调复杂，和人类的乐曲相比毫不逊色。在人类看来，它们的音乐是治愈的、梦幻的、神秘的，来自宽广辽阔的海洋，洋溢着快乐，传递着美好。甚至有音乐爱好者将座头鲸的歌声录制成唱片，供人欣赏。

小知识

　　以前，座头鲸数量众多，所有主要海洋中都有它们的身影。后来，座头鲸和其他巨鲸一样，遭到了人类的大规模商业捕杀，数量大幅减少。现在，座头鲸的数量虽然有所回升，但仍不及 19 世纪中期以前的四分之一。

海中精灵——中华白海豚

据说，中国的珠江口、雷州湾等地生活着"美人鱼"，它们不怕人，时常跃出水面嬉戏打闹，很多人都曾见过它们。难道，世界上真的有"美人鱼"吗？等等，我国东南沿海人民所说的"美人鱼"，其实并非童话故事中的美人鱼，而是中华白海豚。

中华白海豚又名太平洋驼海豚、中华驼海豚、粉红海豚等，是生活在西太平洋和东印度洋沿岸浅水区的一种小型海洋哺乳动物。它们的总数不超过 1 万只，其中约有 60% 生活在我国南部海域中，属于国家一级保护动物，有"海上大熊猫"之称。

在人们的印象里，海豚多是灰色或蓝色的，但中华白海豚却独树一帜，通体都是纯白色的。不过，中华白海豚并不是一生下来就是白色的，刚出生的小中华白海豚是灰黑色的，随着年龄增长才会慢慢转变为白色。当中华白海豚快速游动时，皮肤还会透出漂亮的粉红色，这是皮肤里面的毛细血管充血导致的。

中华白海豚可以说是"集美貌和智慧于一身"的物种，它们智商可以与7岁的人类小孩相媲美。它们和人类一样，有喜怒哀乐，有情绪起伏。它们会通过声音来表达情感。中华白海豚经常聚在一起，叽叽喳喳地交流讨论。它们的声音有时候类似金属相互接触时发出的蜂鸣声，有时候类似哨子的声音。这种声音在海面以上很难被听见，只有在水下收音器中才能被发现。

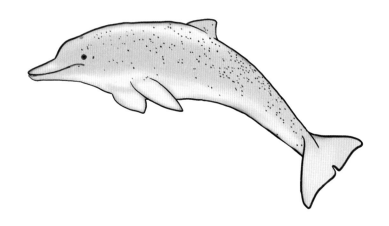

声音对于中华白海豚来说十分重要，它们使用声音来感知水下环境、寻找猎物和躲避捕食者，以及与同类进行交流。科学家们曾在中国香港大屿山岛的西南分流附近海域放置水下录音机，录到了大量中华白海豚"啾啾"的哨音和"哒哒哒哒"的蜂鸣声，他们认为那里极可能是中华白海豚的大本营，是它们聚集在一起进行交流和觅食的场所。通过分析中华白海豚的声音，科学家们还发现，中华白海豚可能会将生活区域划分为不同的功能区，例如大屿山岛附近的海域就被分为了觅食区、短暂休息区、交流区等。

小知识

中华白海豚有个特别的"眼睛"——额隆，额隆可以发射声波，声波碰到不同物体时，便会反射回来不同频率的信号，再通过下颚传回内耳，从而进行定位。中华白海豚可以通过回声定位来辨别物体的形状、大小、位置和方向。

摩托之声——斑光蟾鱼

"嗡——嗡——嗡——"在美国阿拉斯加州至墨西哥下加利福尼亚半岛的海岸线附近，夜里总是传来摩托车的轰鸣声，这是怎么回事呢？人们走近以后才发现，声音的源头居然是一种鱼。这种鱼就是斑光蟾鱼，属于蟾鱼科，是一种海洋底栖鱼类，喜欢潜藏在海床的石缝、石洞及沙地里。它们是夜行性食肉动物，白天休息，夜晚才出来觅食。

斑光蟾鱼体长约 20~25 厘米，身着褐色"迷彩服"，皮肤没有鳞片，看起来黏糊糊的，还有很多凸起。它们头部扁平而肥硕，拥有蟾蜍一样的突出大眼，眼周还有一圈"睫毛"，下颌上有一行纤细的白色凸起；背鳍很长，延伸到尾柄，棘刺里带有毒素。

住在美国阿拉斯加州海边的人们很熟悉这种鱼，它们常常隐匿在海岸边的石头或木桩下。每逢涨潮的夜晚，人们都会听到持续一个多小时的声音，那声音时而短促高昂，时而低回婉转，"咕噜""嗡嗡"声不断叠加、分组，就像在创作一首奇特的摇滚乐。

研究人员发现，每只斑光蟾鱼都在"创作"不同的音乐，它们有时还会故意发出奇怪的声音，以打乱邻居的创作。这是为什么呢？原来，斑光蟾鱼唱歌是为了"找对象"，它们并不是在创作摇滚乐，而是在唱"情歌"！怪不得它们还要干扰隔壁，原来是为了打击"情敌"。真是太有趣了！

科学家们不仅找到了斑光蟾鱼唱歌的原因，还弄懂了它们是如何创作音乐的。

斑光蟾鱼的发声器官是鱼鳔及其周围的发声肌。原本鱼鳔的作用是辅助呼吸和控制身体的沉浮，但斑光蟾鱼的鱼鳔结构却十分特殊，鱼鳔的周围还长出了一种弹性极佳的肌肉，称为发声肌。发声肌可以不断地收缩，从而引起鱼鳔中的空气振动，声音就产生了。根据肌肉收缩速度的快慢，声音也会有所不同。

斑光蟾鱼通过发出不同的声音来表达不同的意愿，有时候是求偶，有时候是在和另一只斑光蟾鱼"说话"，分享彼此的信息，还有时候是发现了可能的危险，在大声警告对方。

小知识

斑光蟾鱼的叫声这么大，会吵到自己吗？事实上，蟾鱼并不会被自己的声音吵到。它们是靠球囊来接收声音的，当声音过大时，球囊可以在大脑的调节下降低对声音的灵敏度，等到声音停止后再恢复灵敏，所以它们是不会被自己的声音吵到的。

海底炮弹——鼓虾

"砰！"海底不远处突然传来一声爆破音，是鱼雷爆炸，还是石油探测队在工作？其实呀，都不是，这是鼓虾在狩猎呢！

鼓虾是鼓虾科鼓虾属动物，一般生活在热带海洋的浅水区域，埋身于低潮线以下的泥沙之中。这种虾体形较小，身长约 5 厘米，有一

大一小两只螯，其中大螯有 2.5 厘米长，这也是它们最鲜明的身体特征。鼓虾的身体颜色比较多样，棕黄色、灰绿色、橙红色都有。

鼓虾虽然体形不大，却是海洋里的夺命高手。它们与生俱来的武器——螯，在闭合时能够释放出巨大的杀伤力，威力相当于小型炮弹，既可以制造爆炸击杀猎物，又可以发出巨响震慑强敌，一举两得。不过，这种威力是怎么来的呢？

科学家们经过仔细研究后发现，鼓虾的大螯内侧有一个凹槽，外侧则有一个柱状凸起，两者刚好可以合在一块。鼓虾在捕食的时候，会快速地合上巨螯，当外侧的柱状凸起插入内侧凹槽的瞬间，会产生一声巨响以及一个真空区域，然后朝着正前方发射出一道时速高达 100 千米的水流，就像一道闪电般将 1.5 米以内的小型猎物，例如鱼、虾、螃蟹等直接击飞或者贯穿。

不仅如此，水流还会在高速之下发生气穴现象，形成一些非常小的低压气泡。在这些气泡爆炸的过程中，会产生一道光亮，科学家们在其中检测到了数千摄氏度的高温。爆炸持续的时间十分短暂，人类的肉眼几乎无法看到，只有专业设备才能观测出来。后来，科学家们将鼓虾攻击时发出光亮的现象称为"虾光现象"。

因为爆破发生在水下，所以声波可以传得极远。一只鼓虾况且如此，那一群呢？海底潜艇的声呐系统就时常受到鼓虾爆破时发出的巨响的干扰，水下通信会被打乱，侦察工作也无法开展。

虽然鼓虾的武器很厉害，但海洋里危机四伏，而它们个头又那么小，所以它们也不敢"夜郎自大"，而是给自己找了一个好邻居——虾虎鱼。鼓虾承担"建造房屋"的工作，等它们挖好洞之后，虾虎鱼就会过来与它们同住。当然，虾虎鱼也不是白住的，它们会自动承担起护卫的工作，在鼓虾疏通洞穴的时候，站在洞口"望风"。如果有其他鱼靠近，虾虎鱼会马上提醒，鼓虾便可钻回洞里了。

小知识

　　鼓虾还可以更换自己的秘密武器，没想到吧？鼓虾的巨螯在经过多次使用后会磨损，变得不再灵活。这时，鼓虾会将其挣脱，原来的位置就会长出一个新的来，变成闪亮亮的新武器。

第六章
不得不说的奇鱼轶事

在海洋里，有一些不显山不露水的奇鱼，它们各个身怀绝技，有的能够改变性别，有的能改变皮肤颜色，有的还能飞上天空……真是大千世界，无奇不有。

转变性别——小丑鱼

　　说起海洋里的可爱小鱼，很多人都会想到小丑鱼，尤其在动画电影《海底总动员》上映以后，小丑鱼瞬间成了家喻户晓的"大明星"。小丑鱼虽然叫"小丑鱼"，但其实一点也不丑。它们只是因为脸上有一圈白色条纹，很像京剧里的丑角，所以才得了这个名字。

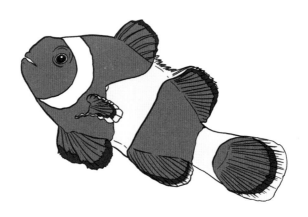

　　小丑鱼生活在热带海域，体形较小，最长不过 11 厘米。它们拥有成对的背鳍、腹鳍和臀鳍，鱼鳍犹如百褶裙般，大而舒展，并覆有黑

色纹路。它们的体色大多为鲜艳的橙红色，身上覆盖 2~3 条横向白纹，就像把身体等分成了几份，看上去分外别致。

小丑鱼个头小，胆子也小，总是徘徊在珊瑚礁和岩礁周围，不敢到处乱走。小丑鱼在幼年时期，还经常跑去抱海葵的"大腿"，围在海葵周围，所以也被人们称为"海葵鱼"。海葵与小丑鱼合作得十分融洽，虽然海葵的触手有毒，但小丑鱼刚好穿着能抵制毒素的特殊"外衣"，因此它们谁也不会伤害到谁。海葵可以为小丑鱼提供像家一样的庇护，而小丑鱼可以为海葵吸引来更多的食物。此外，海葵吃剩下的食物残渣也可以成为小丑鱼的食物来源。它们之间这种紧密互利的关系，在生物学上叫作"共生"。

通常来说，一对小丑鱼夫妻会搭配一株海葵，这属于小丑鱼的领域意识。如果它们共生的海葵周围的空间特别大，那它们也只会允许一些幼体进来入住。小丑鱼家族以雌性为尊，最为强壮的雌性小丑鱼拥有绝对的"话语权"。雌鱼和它的配偶有时也要面对一些妄想住在"主卧"的"租客"，这时它们就会捍卫自己的"主卧"所有权。

小丑鱼有一项神奇的技能——雄雌转换。是的，你没有看错，小丑鱼能够转变性别。在小丑鱼的家庭里，只有个头最大的那一条是雌性，相当于女家长，其他个体都是雄性。在雄性当中，个头最大的那条是雌鱼的配偶，相当于男家长。如果女家长因为某个缘由去世了，男家长就会迅速由雄变雌，成为新的女家长，而剩下的雄性中个头最大的那条，则会接班成为新的男家长。

在小丑鱼的家庭里，只有家长才能繁殖，当然，刚繁殖出来的小丑鱼个头都很小，而且都是雄性的。但它们往往会离开自己的家庭，融入其他小丑鱼家庭，从普通雄鱼开始慢慢熬，熬成男家长，再熬成女家长。

看似普通的小丑鱼身上居然会发生如此奇妙的事情，让人不得不感叹大自然的神奇。

小知识

并不是所有种类的海葵都会接纳小丑鱼，只有一些种类才会如此。不同的小丑鱼选择的海葵种类也不尽相同。当然啦，小丑鱼也可以离开海葵生活，只是安全性会差一点。

身披彩虹——鲯鳅

海洋里有一种体形巨大、颜色格外绚丽的鱼，如同仙女一样让人移不开目光。它们就是鲯鳅。

鲯鳅是一种广泛分布于热带和温带海域的大洋性洄游鱼类。它们体长最大可达 1.5 米，造型十分滑稽：头大，嘴宽，眼睛小，头部高高隆起，额头占据了脸部的三分之二，就像一柄宽阔的板斧，所以它们也被称为"鬼头刀"。

鲯鳅最特别的地方，当属那身光彩夺目的"皮肤"：背部是有荧光质感的绿褐色，顶上覆盖着银蓝色的背鳍，腹部是耀眼的金色，身体两侧散布着星星点点的绿色斑点，整体色彩十分绚丽，犹如凡·高的油画。当它们游来游去的时候，身上的颜色不断变幻，搭配着深蓝色的海水作为背景，真是美极了。

鲯鳅的体色不仅美丽，还可以千变万化。它们体表的色素细胞受神经和体液的调节，可以不断收缩和膨胀，然后通过皮肤显现出来。当然，除了色素细胞外，鲯鳅的真皮层中还有一种特别的虹彩细胞层，其中蕴含着一种神奇的结晶，可以通过干涉现象产生金属般耀眼的结构色。鲯鳅身上那饱和度极高的蓝绿色就是这样形成的。

　　除了阳光以外，它们的情绪也会影响体表皮肤的颜色。有研究显示，当鲯鳅心情平和、独自游动的时候，体表大多呈现为银蓝色；当它们发现猎物或者被猎捕的时候，体表则是金绿色的。还有一种特殊情况，那就是当它们极度兴奋、加速捕捉猎物的时候，身体两侧会多出一些色差分明的深色条纹。除了这三种显性存在的色彩外，它们的皮肤颜色在转变过程中，还会有很多过渡色。

　　不过，鲯鳅的美丽外表并不是永恒的，当它们失去生命时，耀眼的体色也会跟着褪去，迅速转变为苍白的水银色和毫无活力的灰褐色。变化之大和过程之迅速，让人惊叹。

　　鲯鳅是天生的狩猎高手，甚至被人们称为"水下狐狸"。鲯鳅常在清澈的海水表层巡游，为了不被猎物发现，它们学会了利用环境藏身蔽体。海洋上漂浮的水草、朽木等会在阳光下打出阴影，鲯鳅一般就藏在阴影之下。待到猎物经过时，它们会突然加速，以每小时 50 千米的速度出击，将猎物一口吞下。有鲯鳅活动的地域，小鱼们都会闻之色变。

小知识

　　鲯鳅不仅游泳速度快，还很会"跳高"。它们能一跃而起，跳到距海面6米高的空中。它们这么做主要是为了捕食飞鱼。在鲯鳅惊人的跳跃能力面前，就算是长着翅膀的飞鱼，也难逃变成食物的命运。

海底电击手——电鳐

在与海洋有关的动画里，经常出现一种扁扁的、长得像箭头一样的鱼，那就是电鳐。它们可是放电的小行家，人称"海底电击手"。

电鳐属于软骨鱼纲，它们最长可达 2 米，皮肤十分顺滑，背部为灰褐色或赤褐色，点缀着不规则的斑点，腹部为白色；头与胸鳍的部分构成一个风筝形状的体盘，小眼睛就镶嵌在体盘的顶上；眼睛的旁边是它们的喷水孔，椭圆形，微微凸起；体盘的下面是它们的鼻孔和嘴，从下往上看，特别像鬼脸；体盘的底端还长有圆钝的腹鳍、宽大的胸鳍和一条细长的尾巴。它们趴在海底的时候，远远看过去特别像一把铲子。

电鳐通常分布在温暖的水域底部，以蛤蜊、贻贝、蠕虫和其他底层鱼类为主食。它们的家族人丁兴旺，不同的种类之间发电能力也有区别。生活在非洲的巨型电鳐发电的电压能达到 220 伏特，中等大小的电鳐发电的电压则只有 70~80 伏特，个子玲珑的南美电鳐发电的电压更是只有 37 伏特。由此，科学家们也推断，电鳐的放电能力跟它们的体形大小是呈正比的。

电鳐的发电器位于体盘的两侧，呈现蜂窝状，排列成六角柱，又称"电柱板"。这些电柱板是由它们的腮部肌肉变异而来的，大约有 1600~2000 个。电柱板和电柱板之间分布有可以绝缘的胶状物质。当它们放电时，电柱板相当于放电体，由神经末梢连接和控制每一个电柱板的正负极。在神经脉冲的作用下，电流会沿着电鳐的胸鳍内侧向上传递到背部上方，形成回路。

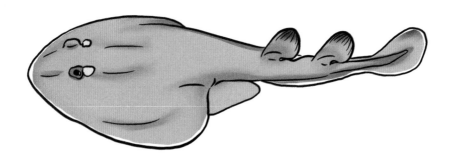

每个电柱板只能产生 150 毫伏的电压，但全身所有的电柱板连在一起，就可以产生很强的电压。电鳐的电柱板相当于电鳗的发电体，但数量只有电鳗发电体的二分之一，因此电压也差很多。有些种类的电鳐每秒钟能放电 50 次，电流会随着放电次数的增多而逐渐减弱，10~15 秒钟后完全消失，必须间隔一段时间才能重新恢复放电能力。

电鳐的放电技能让它们与众不同，人们并不会把它们当作食用鱼。在古希腊和古罗马时代，它们甚至还是著名的"医疗鱼"。当时的医生会让患有风湿症和癫狂症的病人去触碰正在放电的电鳐，以此来治疗疾病。

小知识

　　科学家们依据电鳐的放电特性，发明了能贮存电的电池。人们日常所用的干电池中，那些存在于正负极间的糊状填充物，就是受电鳐发电器里的胶状物启发而改进的。

长着翅膀的鱼——飞鱼

天上都飞着什么呢？鸟儿、昆虫、飞机、风筝……啊，居然还有鱼！大自然真是无奇不有，鱼儿居然都飞上天了！

这种会飞的鱼，就叫飞鱼。它们的形态跟普通鱼儿差不多，除了一点点区别——它们的胸鳍和腹鳍很像鸟类的翅膀。飞鱼鳍部的骨刺细细长长的，就像支架一样，上面覆盖着一层透明的薄膜，边缘点缀着一些深色斑点。它们的胸鳍整个打开之后，就像滑翔翼般流畅舒展，在阳光下闪着金属的色泽。它们的背部是银蓝色的，腹部银白色，颜值颇高。

不过，飞鱼并不是真的像鸟儿那样通过挥动翅膀来飞翔的，它们的"飞"，其实是一种滑翔。它们的胸鳍上并没有肌肉，展开只是为了保持平衡罢了。它们更多的是依靠尾状骨摆动时产生的推力来延长滞空的时间。

当它们预备飞向空中时，会提前在水下加速。接近水面时，它们将鱼鳍紧贴着流线型的身体，以减少摩擦力。随后，在离开水面时，它们会用尾状骨用力拍打水面，以产生强大的推力。在助推力下，它们那轻盈的身体就跃出了水面，宽大的胸鳍瞬间展开，如同被风托举着一般，投入了蓝天的怀抱。它们一跃就可以跃出十几米远，真的很像在飞呢！

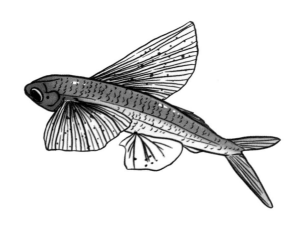

　　飞鱼的起飞速度可达每秒 18 米，在完成一次滑翔，即将坠入海面时，它们的尾部能够再次发力拍水，重新"飞"上天空。飞鱼的最长滞空时间足有 45 秒，一般飞行距离在 50 米左右，如果有风或者海浪的帮助，可以达到 200 米。

　　飞鱼作为一种海鱼，为什么要飞到空中呢？

　　这是因为它们所生存的环境是大型哺乳动物和凶猛的鱼类常常出没的上层海域，它们既没有魁梧的身材，也没有抵御强敌的武器，剩下的办法就只有逃了。为了逃生，飞鱼突破了鱼儿的生理局限，在遇到强敌或者被轮船的噪声所影响的时候就跃出水面。

　　飞鱼能飞多高呢？它们既可以贴着海面飞行，也可以在距离海面 6 米以上的地方飞行。有时候，为了躲避强敌，它们甚至会跳到船只的甲板上……不知道该喜还是该忧呢！

小知识

　　我国有研究人员在贵州发现了距今约 2.4 亿年的飞鱼化石，那也是迄今已知最古老的飞鱼化石。变成化石的飞鱼体长 15.3 厘米，生前也许可以像今天的飞鱼一样在空中滑翔数十米。

爱晒太阳的鱼——翻车鱼

翻车鱼是世界上体形最大、形状最奇特的鱼之一。成年的翻车鱼体长可达 3 米以上，差不多有一层楼那么高，体重则可以达到 3 吨以上，在海里也算得上庞然大物了。

除了体形巨大，它们的形状也很奇怪：身体侧面看就像大碟子，两只眼睛镶嵌在头部两侧，嘴巴位于头部最前端，背部和腹部分别长着又大又长的背鳍和臀鳍，眼睛后方还有两个和硕大的身体完全不成比例的胸鳍。此外，它们还偏偏没有尾鳍，看起来就像被什么怪物咬了一口、只剩下半截身体一样。

翻车鱼有个让人哭笑不得的弱点——不擅长游泳。它们的腮孔很小。鱼鳃的作用是维持鱼类在水中的呼吸，鱼鳃越大，能吸收到的氧气就越多。翻车鱼巨大的身体却只匹配了小小的鳃孔，要知道，游泳可是极度消耗氧气的运动，所以它们当然就游不快了。

不过，游泳技术不好也不能全怪鱼鳃，毕竟它们连尾鳍也没有。翻车鱼全靠背鳍和臀鳍的摆动来控制方向。在水中，翻车鱼 1 秒只能游 0.7 米，即使爆发小宇宙也只能达到每秒 1 米，这样的速度是绝对跑不过天敌的，所以它们就看淡了生死，既不逃跑，也不反抗，默默忍受天敌的猎捕，生死全看天敌有没有吃饱。

　　翻车鱼还有个特别的爱好——晒太阳。当天气较好时，它们就会将身体翻转过来，侧躺在海面上，通过吸收阳光来提高体温。这或许可以帮助它们清除体表的寄生虫。它们身上的寄生物多达 50 多种，甚至有的寄生物身上还有寄生物。当它们浮在海面上晒太阳时，一些鸟类会飞到它们的身上，替它们啄食掉寄生物。

　　在饮食方面，翻车鱼是肉食性动物，以水母、浮游动物为食，此外也摄食海藻、软体动物、小鱼等。它们进食的方式也很特别：全靠用嘴铲。因为速度慢，它们很难追上猎物，所以只能守株待兔了。

小知识

　　翻车鱼没有躲避掠食者的本领，那它们是怎么存活至今的呢？首先，它们体形较大，而且皮厚肉少，营养价值低，所以一般掠食者看不上它们；其次，雌性翻车鱼的排卵量极大，可产下多达 3 亿颗卵，所以翻车鱼的数量是较多的。

第七章
自带微光的深海探路者

夏夜，树林里会出现许多可爱的萤火虫，带来星星点点的微光。其实，在幽静、黑暗的海底，也生存着一些奇特的鱼儿，可以像萤火虫一样发光。它们的光芒，就像在深海里点亮的小夜灯，为海洋带来生机和活力。

头顶探照灯——鮟鱇

鮟鱇（ān kāng）也叫海蛤蟆、琵琶鱼、灯笼鱼等，通常生活在
500～1000米深的海域，只有在产卵时才会移动到浅海，一般很难被人
看到。

鮟鱇被很多人认为是海里最丑的鱼，它们的身上没有鳞片，头占
了身体的三分之二，而且又大又扁，就像个锅盖，看起来十分笨重；它
们的眼睛小而突出，眼睛下面是一张大嘴，嘴角向下，嘴张开时会露

出尖锐的牙齿，显得分外狰狞；它们的胸鳍就像手臂一样灵活而有力，能够支撑身体在海底爬行。

鮟鱇最引人注目的当数头上那盏发光的"小吊灯"，就像潜艇上的探照灯一样，在海底发出荧荧光芒。"小吊灯"其实是由它们的第一背鳍逐渐向上延伸形成的。"小吊灯"的"底座"是一个肉状凸起，上方是细竿，最顶上缀着个肉质的穗，会随着游动而摇晃。肉穗里共生着许多发光细菌，鮟鱇会给这些发光细菌提供糖分，而发光细菌会氧化这些糖分，从而发出光来。

深海中很多鱼都有趋光性，装了"小吊灯"的鮟鱇，俨然成了深海里的"钓鱼匠"。它们经常把身体埋在海底的泥沙中，然后轻轻晃动头部，使"小吊灯"一直在水中晃动，以引诱四周藏在黑暗中的小鱼。当贪吃的小鱼靠近"小吊灯"时，狡猾的鮟鱇就会张开大嘴，迅速将其吞下。它们那巨大的嘴巴和不断扩张的胃能够吞入与它们的头同样大的鱼，再加上向内倒伏的牙齿的加持，根本不给鱼儿逃脱的机会。

深海的光虽然可以为鮟鱇诱来小鱼，但也会向大鱼暴露它们的行踪。当遇到不能对抗的大鱼时，鮟鱇就会立马将"小吊灯"塞进嘴里，让自己和沙子融为一体。大鱼丢失了目标，只能选择离去。

除了会发光以外，鮟鱇还有一个神奇的地方，那就是"雌雄亲密不分"。雄性鮟鱇孵化之后会立刻靠着嗅觉找到一条雌鱼，然后一口咬上去，再也不放开，从此与雌鱼血肉相连，自己除了精巢组织继续长大，其他的器官全都不再发育，而只能依靠雌鱼的血液维持生命。等到雌鱼性成熟后，雄鱼就会通过静脉血液循环与其完成交配。这时雄鱼的大小可能已经不足雌鱼的百分之一。这也是人们几乎没见过雄性鮟鱇的原因。

小知识

长相丑陋如鮟鱇，也逃不过人类的"魔爪"。鮟鱇肉质紧密，结实不松散，弹性十足，鲜美胜过一般鱼肉，蛋白质也十分丰富，因此成了人类餐桌上的美食。在日本某些地区，鮟鱇鱼肉甚至和河豚肉并称为"人间极品美食"。

深海萤火虫——灯颊鲷

没有月亮出现的夜晚，海面上突然飘散出无数的光点，忽闪忽现，如同不慎坠入海面的银河般梦幻。是谁造就了这样的美景呢？

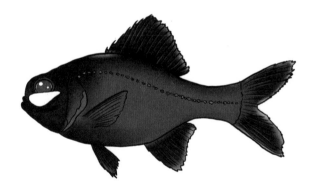

当然是我们今天的小主人公——灯颊鲷（diāo）啦。这是一种罕见而神秘的眼睑发光鱼，又称闪光鱼、灯眼鱼。它们是深海居民，长期生活在海平面 400 米以下的海域，以海里的浮游生物为食。作为暗夜精灵，灯颊鲷白天喜欢躲在黑暗的洞穴或珊瑚礁里，等到黑夜降临时才会成群结队地出来觅食、玩耍。

灯颊鲷体长约 28 厘米，浑身鳞片漆黑粗厚，有一对胸鳍和一对背鳍。它们的眼睛很大，眼白呈雾霾蓝色，瞳孔呈黑色。它们最独特的地方还要数眼睛下方那个半月形光斑，这是它们的发光器。夜晚来临的时候，发光器就会随着它们身体的摆动而发出白色或蓝绿色的光。

灯颊鲷有一层暗色的眼睑，就在发光器的下面，像一层灯罩，所以它们能够自由控制自己的发光器。我们看到的一闪一闪的亮光就是它们通过眼睑控制发光器的效果，就像孩子玩耍电灯开关一样。

灯颊鲷并不是自体发光鱼，它们是依靠头部寄生的数以亿计的特殊细菌才发出的光。灯颊鲷的发光器官底部有一些供发光菌体栖息的血管，发光菌体从这些血管中汲取身体所需的养料，产生可以发光的酶，从而持续地发出光芒。

灯颊鲷和发光菌体是密切共生的关系。一旦发光菌体死亡，发光器便会停止发光。发光菌体的死亡很大程度上是食物短缺导致的。灯颊鲷如果长时间没有进食，这些发光菌体也会丧失活力。白天，大部分灯颊鲷会关闭发光器，眨眼次数很少。夜晚时则大不一样，它们平均每分钟眨眼 90 次。发现浮游生物时，它们便降低闪光频率以吸引食物靠近，并且在进食的时候也会持续发光。此外，灯颊鲷发光还是它们群体间交流的一种方式，灯颊鲷可以通过打开、关闭发光器，来传递信号、互相交流。

灯颊鲷习惯群游，而且鱼群规模通常都比较大。想象一下，漆黑的海水中成千上万条小鱼亮起光来会是什么景象？你将会看到光芒不断移动，变换形状，就像水下的流动丝带一样飘逸，十分赏心悦目。

小知识

灯颊鲷喜欢完全黑暗的环境，在黑暗中，它们的游速会加快，发光频次也会增加。而当环境变亮时，灯颊鲷会自动游向昏暗的深水区，发光频率也会降低，甚至直接关闭发光器。

可怕的巨口——蝰鱼

隐秘的深海中生活着很多奇特的物种，无论是身体结构还是样貌，都超出了我们的认知。今天我们要了解的就是其中之一——蝰（kuí）鱼。蝰鱼是一种极其罕见的深海生物，因为长得像蝰蛇而得名。它们的全身都是灰褐色的，鳞片就像盔甲一样排列着，透着金属的光泽。蝰鱼体长约 30 厘米，身形长而扁，头部大而窄，眼睛很大，嘴巴就像小丑一样，与下颌同宽。最让人感到惊讶的是它们的牙齿，又长又尖锐，下牙是上牙的两倍长，根本收不进嘴里，就那样裸露在外面，模样十分吓人。蝰鱼是一种小型的深海发光鱼类，它们的体侧、背部、胸部、腹部和尾部都长有发光器。它们的头顶后方有一根从背鳍延长出来的棘条，上面也有一个发光器，这是它们捕食的诱饵。它们身体侧面的发光器不起诱饵作用，而是在交配季节做"信号灯"，以吸引其他蝰鱼。

在海面下 80~1600 米深的水域，蝰鱼可以说是最为凶恶的鱼类之一。它们喜欢在夜晚行动，每当黑暗降临时，它们就会游到大约 600

米深的海域，寻找自己的猎物。

深海之下，光是最好的诱捕"神器"。蝰鱼属于肉食性鱼类，食物种类繁多，以各种中小型鱼类和甲壳类动物为主。狩猎的时候，它们会在水中选一个地方潜伏不动，不断晃动头顶的"诱饵"将小鱼引到面前来，然后迅速张开大嘴，用尖利的牙齿咬住猎物，在其濒死时迅速将其吞噬。它们的牙齿跟鮟鱇一样是向内倒伏的，所以猎物一旦被扯入嘴中就很难逃脱。

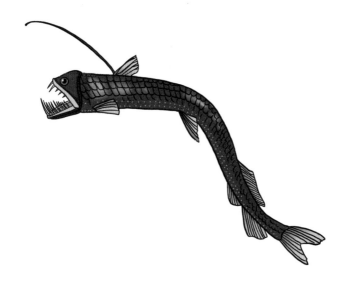

蝰鱼的上下颌像蛇一样灵活，能够大大地打开，再加上它们的食道和胃就像橡胶一样有韧性，所以它们能够吞下体积较大的食物。当食物充足的时候，蝰鱼会把食物储存在胃里慢慢消化。在食物匮乏的深海，胃的储存作用让蝰鱼能够适应周围的环境，正常生存。

小知识

蝰鱼又名毒蛇鱼，这并不是因为它们有毒，而是因为它们狩猎本领高强，让人联想到致命的毒蛇。蝰鱼拥有很强的瞬时爆发力，它们不仅会守株待兔，还会主动出击，飞速地冲向猎物，用自己的尖牙刺穿猎物的身体。

会发光的下巴——鞭须裸巨口鱼

海洋中到底有多少稀奇古怪的鱼儿呢？我们所了解的蛭鱼、鮟鱇只是冰山一角罢了，这样的鱼儿还有很多，例如蛭鱼的近亲——鞭须裸巨口鱼。

鞭须裸巨口鱼属于巨口鱼科，它们是海洋里极其凶恶的捕食者，长着跟怪兽一样的脑袋和蛇一样的躯体。它们的外形和蛭鱼有些相似，都是满口的尖锐獠牙和长长的躯体，不过鞭须裸巨口鱼的头要更圆、更大一些。鞭须裸巨口鱼虽然是一种鱼，却没有鳞片，它们的皮肤跟鳗鱼一样光滑而黏腻。

不同于蛭鱼发光器遍布全身，鞭须裸巨口鱼的发光器仅位于眼窝的下方、下颌和身体两侧。它们眼窝下方的一对发光器，就像一对探照灯，可以在它们捕猎时进行照明；下颌的发光器位于触角的底部，就像一个会发光的胡须辫；身体两侧的发光器分为两排，既是它们种群间沟通的钥匙，也是防御的铠甲。它们利用发光器的闪烁来传递信号，还可以模拟从海面射下的光线投影，以避开浅海巨兽的视线。

如果只是会发光，当然称不上猛兽。我们知道，不同水层的海洋生物是不一样的，而鞭须裸巨口鱼的"猛"，就在于它们可以无限制地出入任何水层，不受水压的限制。

　　它们平常生活在深海，但它们喜欢吃的甲壳类动物都在浅层海域，这些小动物白天为了躲避表层猛兽会潜至浅层海底，直到晚上安全一些时才会去海水表层觅食，形成了一种日夜洄游的现象。鞭须裸巨口鱼为了追击猎物，也调整了自己的作息，它们白天休息，夜晚则会游到海水表层去猎食，甚至还可以跳出水面追击小虾小蟹，十分生猛。

　　深海鱼大多视力欠佳，但鞭须裸巨口鱼却是个例外。一般来说，天空中的可见光到了海水中层几乎就看不到了，深海里的鱼只能通过自体发光和借助细菌发光来看清周围。鞭须裸巨口鱼不仅自己会发光，眼睛的下方还有很多感光细胞，这帮助它们既能适应深海的弱光环境，也能适应海水表层的强光环境。

　　比起直接捕杀猎物，鞭须裸巨口鱼似乎更享受狩猎的乐趣。巨大的口、尖利的牙齿和不受水压限制的身体给了它们无穷的底气。狩猎时，它们的发光器会不断闪烁、前后摆动，伪装成甲壳类动物爱吃的小鱼。等到猎物靠近、发现不对时，再想逃就晚了，等待它们的将是鞭须裸巨口鱼的血盆大口。

小知识

　　一些深海鱼为了捕食桡足类动物，会进行日夜洄游，而以这些深海鱼为食的其他较大型的掠食性鱼类也会尾随着它们，最终形成一条食物链，螳螂捕蝉，黄雀在后。海洋动物的捕食行为引发的大规模洄游活动，无形中增加了海洋表层和深层之间的物质交换。

小而恐怖的鲨鱼——雪茄达摩鲨

人们印象中的鲨鱼往往是很巨大、很凶猛的，但其实鲨鱼家族中也有很多"小不点"。很多人因为这些鲨鱼个头小，就放松了对它们警惕，实际上，有些"小不点"比大型鲨鱼还要令人胆战心惊，今天我们要介绍的就是其中一位——雪茄达摩鲨。

雪茄达摩鲨也叫雪茄鲛，是一种生活在温暖海域的小型鲨鱼。它们体长约 0.5 米，身体粗壮，体色为茶褐色，就像个大号的雪茄，它们也因此而得名。雪茄达摩鲨跟人们熟悉的大白鲨长得完全不同。不同于其他鲨鱼的尖头，雪茄达摩鲨的头较为圆润，上面长着一双不成比例的大眼睛，眼睛下方是覆盖着一层白色胶质的嘴巴，这也是它们身上最恐怖的地方。

为什么说它们的嘴恐怖呢？一是因为它们的嘴唇拥有极强的吸附能力，能够吸附在其他大型海生生物身上；二是因为它们的嘴里有一副极其锋利、犹如锯齿般的牙齿，当嘴唇吸附好之后，牙齿就会立马工作，死死地咬住猎物的皮肉，然后扭动身体，在猎物的身上留下一个血窟窿。血窟窿并不会致命，但会带来持续的伤痛，虎鲸、海豚、海豹等都不堪其扰。因为它们体形小，再加上咬完就跑，大型生物根本无法攻击到它们，只能吃"哑巴亏"。

其实，大型生物的皮肉并不是雪茄达摩鲨最喜欢的食物，它们爱吃的是各种软体动物、甲壳类动物和小型鱼类，上层海域的大型动物皮肉大约只占雪茄达摩鲨食物来源的10%。

作为一种深海鱼，雪茄达摩鲨的身上也有发光器官。它们的腹部会在游动时发出绿色的荧光，这种光是由皮肤中的载黑素细胞所控制的。在海下1000米深的微光区，光芒通常都是狡诈猎人的死亡镰刀，专门收割无知小鱼的生命。

小知识

雪茄达摩鲨是十足的"冲动派"，脾气暴躁，具有攻击性。它们见到不是同类的物种，就想上去咬一口，有时候也会去咬海底的电缆和潜水艇的声呐系统。

第八章
海洋生物知多少

在辽阔而富饶的海洋世界里，生活着种类繁多、千姿百态的生物，例如分布极广的藻类、可以发光的浮游动物、长在陆地与海洋的分界线上的红树林……本章我们就一起来认识几种吧！

海洋生产者的主体——藻类

　　提起藻类，你可能会觉得陌生，但提起海带、紫菜这些常见的食物，你一定会恍然大悟——哇，原来这就是藻类！因为藻类能进行光合作用，所以很多人认为藻类是植物，但这种观念其实是错误的，各种各样的"藻"既不是植物，也很难归入同一个类群。现在我们所说的"藻类"，其实也不是一个正式的、有严格定义的术语，而只是一个宽泛的概念，泛指各种水生的、能进行光合作用的单细胞或多细胞生物。

　　藻类大多集中生长在低潮线以下的浅海区域——海洋与陆地交接的地方，这里的海浪冲击力比较小，海水中含有丰富的矿物质，加上阳光充足，藻类能利用身体中的叶绿素或其他色素来吸收太阳光能，通过光合作用制造有机物，释放氧气，为其他生物提供生存的条件。它们是海洋生态系统中最主要的生产者，而且因为数量庞大，所以它们固定的碳元素比全世界陆生植物的总量都要多。正是因为它们的存在，地球才这样生机勃勃、充满活力。

海洋中的绿宝石——绿藻

绿藻是常见的光合生物，作为有机物的原初生产者，它们在生态系统中发挥着重要作用，被称为"海洋中的绿宝石"。现在已发现的绿藻约有 6700 种，它们大多分布于淡水中，也有生活在海水中的，如石莼、礁膜、浒苔等。

几乎所有绿藻都有叶绿体，叶绿体中有光合色素，因此它们能够吸收太阳能量，将二氧化碳和水转变成糖类等营养物质，为其他生物提供生存所必需的营养。

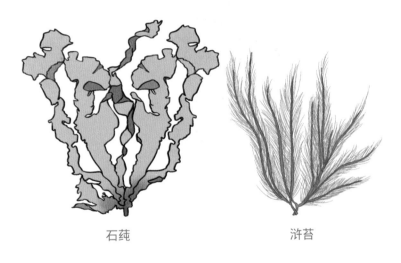

石莼　　　　　　　　　　　　　浒苔

许多绿藻都颇具营养价值，例如海产扁藻、小球藻等易培养、繁殖快的单细胞绿藻，不仅蛋白质含量高，还含有糖类、氨基酸和多种维生素，对人类而言容易吸收，营养全面，安全无毒，可用来制作食品和饲料，也可以药用。

古老的海洋居民——红藻

红藻是海洋中极其古老的藻类，它们在 14 亿～13 亿年前就已经存在了。红藻分布于世界多个海域，形状多为丝状、叶状或枝状。红藻的体内除了藻红素以外，还有叶绿素、胡萝卜素、叶黄素等。红藻种类繁多，不同的种类因为体内色素的种类和含量不同而呈现出不同的颜色。

红藻大多生长在低潮线附近和低潮线以下 30~60 米深处，也有少数种类生长在深海中。

石花菜

红藻的经济价值很高：鹧鸪菜、海人草等具有很高的药用价值；紫菜含有丰富的蛋白质，是深受欢迎的食用藻类；从石花菜属、江篱属植物中提取的琼胶，可以被应用在纺织工业中……

海底绿地公园——褐藻

褐藻约有 1500 种，大部分生长在距离陆地较近的浅海海域。褐藻的形态各异，有的为茎状，例如马尾藻；有的为叶片状，例如海带；有的为根状，例如裙带菜。不同种类的褐藻共同构成了海底的绿地公园。

马尾藻是马尾藻科马尾藻属植物的统称，共有约250种，广泛分布在暖水和温水海域，多生于中、低潮带岩石或石沼中。马尾藻可以用来制作饲料，也可用来制作褐藻胶与绿肥。马尾藻生长、繁殖的地方通常会形成一片藻床，很多海洋动物都会选择这里作为宝宝的生长基地。

海带是一种大型褐藻，大多附着在低温海底的岩石上，可长到2~6米长。海带没有茎，也没有枝，就像长条、扁平的叶片，只要固着在岩石或绳索上，就能不断长大。海带是可食用藻类，体内含有60多种营养成分和丰富的微量元素，而且热量低、口感好，故而深受人们的喜爱。

裙带菜是一种暖温带性海藻，一般生长在风浪较少、水质肥沃的暖温带海湾内。它们的叶片比海带薄，形状像破裂的芭蕉叶。裙带草也被称为"海中的蔬菜"，它们含有十几种人体必需的氨基酸以及钙、碘、锌、硒、叶酸等微量元素，有营养高、热量低等诸多优点。

小知识

藻类优点很多，但渔业从业人员却对它们又爱又恨，这是怎么回事呢？这跟藻类的繁殖特性有关。有些藻类常在繁殖季节到来时，在某一海域大量聚集，导致该区域海水颜色发生变化，形成赤潮。赤潮对渔业，特别是贝、虾养殖业危害极大。

"蓝眼泪"的秘密——海萤

春夏季节的傍晚，我国福建省的某些海边经常出现带着蓝色荧光的海浪。随着海浪的一次次扑打，蓝色荧光也不断地朝着沙滩涌来，然后又随着海浪的退去而消失。当地的人们将这种神奇的现象称为"蓝眼泪"。

"蓝眼泪"到底是怎么回事呢？难道真的是海水变了颜色吗？其实，"蓝眼泪"大多是由夜光藻或海萤造成的。夜光藻是一种生活在海里的甲藻，具有发光的能力，而海萤则是一种生活在海湾里的浮游生物，也能发光，如其名字那样，是"海里的萤火虫"。

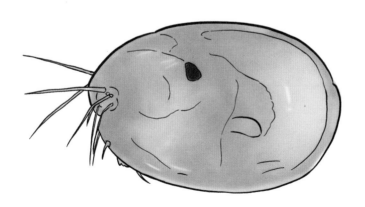

海萤体长只有 3 毫米左右，它们之所以能发光，是因为上唇内具有上唇腺，上唇腺由多数纺锤状细胞组成，能够排出两种微小的颗粒，分别是黄色的荧光素颗粒和无色的荧光素酶颗粒。当海萤受到刺激时，这两种颗粒就会随着发光腺中产生的黏液一起被排入水中，在化学作用下产生一种浅蓝色的微光。当海萤在海里大量聚集，并达到一定密度的时候，就会在海滩沿岸形成梦幻的蓝色光带，十分美丽。

生物发光的现象在海洋里并不少见，许多海洋生物都具备发光的能力。海萤之所以给人留下深刻的印象，是因为它们经常出现在特定的海域，久而久之，这片海域就变成了热门景点，海萤也因此获得了更多的研究和关注。

小知识

海萤一般只在有风且涨潮时才会出现，如果风浪够大，它们甚至可以随着浪花脱离水体，短暂地飘浮在空气中。

海岸边的忠诚卫士——红树林

　　我们都知道海水很咸，不利于植物的生长，但偏偏有这样一群植物，就喜欢生长在海边，与海水相伴相生，它们就是红树林。它们生活在热带、亚热带的沙滩或海岸潮间带，是陆地向海洋过渡的特殊生态系统，它们像忠诚的卫士，在海岸边筑起了绿色的长城。

　　为什么说它们是"绿色"的长城呢？因为红树林主要由常绿灌木和小乔木组成，而之所以称它们为红树林，是因为它们的体内含有大量单宁，单宁与空气接触后会氧化，使树木枝干呈现为红色。

　　红树林植物可以分为真红树植物和半红树植物。真红树植物仅在海岸潮间带生长，而半红树植物则既可以适应潮间带的环境，也可以在陆地上生存。真红树植物和半红树植物有一个共同点：能在盐渍土和海水周期性浸淹的环境中存活。

　　为了应对高盐环境，红树林植物学会了一项"独门绝技"——叶片析盐。它们的叶片中有一种泌盐腺体，能将叶内多余的含盐液体排出叶面，当水分蒸发后，会在叶片上形成白色的盐晶体。

　　为了应对海浪冲击，红树林植物还发展出了独特的根部结构，它们会从主干的基部长出许多支持根，牢牢扎入泥滩里，形成稳固的支架。与此同时，为呼吸到足够的氧气，它们还会让部分根露出土壤，向上生长，形成各种形态的"呼吸根"。红树林植物的根内含有丰富的通气组织，保证了它们在被潮水淹没时依然能进行气体交换。红树林植物的根紧紧地扎在土壤里，既可以抗风拒浪、固堤护岸，还可以把海水沉积物固定起来，形成新的陆地。

不得不提的还有红树林植物神奇的繁殖方式——胎生。红树林生长在海浪之间，种子成熟后，如果马上脱离母树，就会被海浪卷走，失去成长的机会。于是，红树林植物就选择了"胎生"的方式，它们的种子成熟后并不急着落地，而是垂挂在母树上继续生长，直到胚轴成熟后才会离开母树，落下来掉入泥土中。落下的幼苗很快就会生根，长成小树。如果幼苗不慎在扎根前就被海浪冲走了，它们就会随

着海浪漂流，直到遇到适合扎根的地方。有的幼苗甚至会漂洋过海在异乡生根。

小知识

　　红树林不仅有很高的生态价值、科研价值和观赏价值，还有很高的药用价值，例如红树的树皮、角果木的树皮、榄李的叶子等都可以入药。

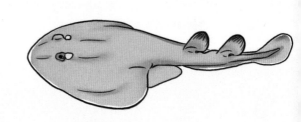

附　录
淡水鱼也疯狂——"电鱼"家族大盘点

鱼居然带电，这也太酷了吧，就像电影中的虚构情节一样让人不可思议！不过，这可不是虚构的电影，而是自然界孕育出来的神奇，快来一起看看吧！

水中发电站——电鳗

　　说到带电的鱼，许多人的脑海中会出现一个名字——电鳗。它们以电为名，能短时间内强力放电，电压高达 300~800 伏特。

　　电鳗属于辐鳍鱼纲裸背电鳗科。它们虽然名字里有"鳗"，但并不是鳗鱼，在生物学上和鲇鱼的关系更近，形态也更相似。它们体长可达 2 米，体重可达 20 千克，整体呈圆柱形，皮肤光滑，背部乌黑。它们的胸鳍很小，背鳍、腹鳍都已退化，臀鳍基部很长，始于肛门后方，延于整个尾部，游动时，它们也是靠着摆动臀鳍来控制身体的。

　　电鳗的放电能力是已知放电鱼类中最强的，它们的放电能力来自特化的肌肉组织所构成的放电体。肌肉上的细胞就像小型的叠层电池，当这些细胞被神经信号所控制时，能使离子在短时间内流通过它们的细胞膜。电鳗体内 80% 的肌肉组织里都有这样的细胞，相当于有数以千计的放电体，这些放电体每个可制造约 0.15 伏特的电压。当数千个放电体一起全力放电时，电压便可高达 300~800 伏特。

不过，电鳗的高压电并不能维持很长时间。实际上，这股电压通常只能维持大约 2 毫秒，也就是 0.002 秒。人类眨一次眼睛需要 0.02 秒，也就是说，这股电流持续的时间只有眨眼时间的十分之一。但是，你可不要小瞧这瞬间的高压电所产生的威力，它完全可以致人昏迷，甚至可以击毙渡河的牛、马。

电鳗的电压可以随着它们身体的长大而增加，在体长达到 1 米之后，电压就不变了。它们的放电能力也会随着疲劳而减退，每次连续放电之后，需要 10~15 秒的休息时间，这时如果猎物尚存一点意识，可借机逃脱。水是天然的导体，在电鳗放电时，水中 3~6 米范围内都有可能触发电流，因此如果看到电鳗捕猎，最好离得远远的。

美国有一家水族馆，曾经利用水箱中的电鳗为圣诞树提供电源，成功点亮了圣诞树上的灯泡，而且灯泡的亮度可以随着电鳗放电的电流大小而改变，不得不说是一个奇思妙想。

小知识

其他生物会惧怕电鳗的强电流，电鳗自己却完全不担心会触电，这是因为它们体内的脂肪组织是很好的绝缘体。电鳗在水中放电时，电流会经由水传递出去，电鳗并不会电到自己。但如果电鳗被抓到空气中，由于空气的电阻比它们身体的电阻更大，这时放电的话就会电到它们自己了。

水中高压电——电鲇

如果说电鳗是电鱼世界的冠军，那电鲇就是当之无愧的亚军。电鲇有成对的发电器，位于背部的皮下，放电电压为 200~450 伏特，被称为"水中高压电"。

电鲇和电鳗一样，同属于辐鳍鱼纲，体长约 1 米，体重可达 20 千克。它们的脸长得很有趣：小眼大嘴，嘴唇周围长着三对触须，像尖角一样支棱着。它们没有鳞片，也没有背鳍，胸鳍和腹鳍都很小，显得肚子圆滚滚的。它们的皮肤大多为粉红色或灰褐色，体表分布着一些或深或浅的斑点。

　　电鲇通常活跃在水流缓慢且岩石、树根沉积的底中层水域。它们十分讨厌光，白天几乎不会出去狩猎，而是选择躲在底层水域的阴暗处睡觉，安静得不可思议。等到了夕阳西下的时候，它们的残暴本性就暴露无遗了。它们会在水里横冲直撞，电倒无数小鱼，有时甚至连同类也不放过，跟白天时"判若两鱼"。

　　电鲇为什么会时常"暴走"呢？其实它们这样做也是有原因的。电鲇不仅怕光，视力也不怎么好，主要靠嘴边的 6 根长须来搜索猎物。它们如果不横冲直撞，可能根本发现不了猎物。它们有时候还会挖沙，其实是在用触须探寻沙子里的甲壳类动物。

　　与拥有发电细胞的电鳗不同，电鲇的发电能力，来自身体前部特化的肌肉组织。当电鲇在水中活动，身体表面触及敌人时，马上就会产生一股强大的电流，击倒对方。它们所释放的强大电流，甚至能击晕那些强壮的水生动物。

　　放电不仅是一个出色的捕猎技巧，也是电鲇保护自己的方式。毕竟海洋中危险无处不在，生物们必须拥有绝技才能保住性命。

小知识

　　电鲇主要分布在热带非洲和尼罗河。古埃及人深知电鲇的习性，还会利用它们的放电能力来缓解关节炎的疼痛呢！虽然体形较大的电鲇放出的电，足以将成年人击昏，但体形较小的电鲇放出的电，只会让人类感到稍微刺痛而已。

电场感应——铠甲弓背鱼

　　有一种鱼，犹如穿着一身耀眼的铠甲，摆尾间银光飞舞，极其绚丽。人们惊讶于它们的美丽，给它们取了一个霸气的名字——铠甲弓背鱼。

　　铠甲弓背鱼是骨舌鱼目中外形奇特的古老鱼类，它们与世界上最大的淡水鱼——巨骨舌鱼一样都是侧扁体形，又与裸臀鱼、象鼻鱼一样，同属于弱电鱼类。

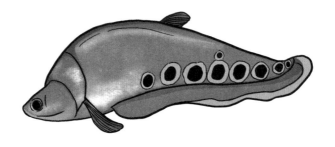

　　铠甲弓背鱼体长约 90 厘米，体重约 8 千克。它们背脊灰黑，腹部银白，从身体中间到尾柄方向有 7~10 个带着白色光圈的黑色圆斑，特征十分明显；它们的背鳍很小，从头部到脊背有一个将近 50° 的拱起，就像一把没有手柄的弯刀；它们的臀鳍发达，与尾鳍连在一起，鳍条

宽度相等，犹如长长的刀刃。铠甲弓背鱼在幼年时期身上是没有圆斑的，取而代之的是一条条淡淡的斜纹，很像弯弯的蛾眉月。如果大家偶然看到，不要认错了哦！

铠甲弓背鱼的主食是小鱼、小虾。它们性情温和，昼伏夜出，白天安静不动，夜里则上下翻飞，犹如银刀狂舞。它们还能像电鳗一样只用臀鳍游泳，十分特别。铠甲弓背鱼也因为独特的外形，被赋予了"脚踏七星"的吉祥寓意，成了著名的观赏鱼。

铠甲弓背鱼的视力不太好，但作为夜行性捕食者，视力不好怎么捕鱼呢？幸好它们有放电的本领！狩猎时，铠甲弓背鱼会在周身形成一个微弱的电场，这样可以随时感知周围的环境变化，再加上灵敏的嗅觉，捕捉小鱼就很轻松了。当然，相比于电鳗来说，它们的电场感应能力弱了不少。

放电不够，绝技来凑。铠甲弓背鱼有一个绝技——反向游泳，这种游泳方式在水中的动静非常小，让它们可以神不知鬼不觉地偷袭猎物。

小知识

铠甲弓背鱼的鱼头很小，但它们的嘴却能张得很大，哪怕是比它们的头还宽的猎物，它们也能一口吞下，真不愧是拥有"干饭魂"的掠食性鱼类呀！

自带雷达——象鼻鱼

我们都知道大象有一个长长的鼻子，如果这种鼻子长到鱼的身上会是什么样呢？在海洋中，还真有一种长着象鼻子的鱼，它们就是象鼻鱼。

象鼻鱼的体形有点像打气筒，中间是鼓鼓的肚子，下颌向前延伸似象鼻，尾柄细长似木棍，尾鳍呈"Y"形，背鳍位于尾柄的前方。它们的皮肤颜色极深，鳞片细小，眼睛圆圆的，还有一对突出的鼻孔。

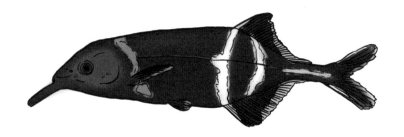

象鼻鱼细细长长的"象鼻"，其实是它们的嘴巴。这么小的嘴，注定了它们不能成为掠食者。还好"天无绝鱼之路"，象鼻鱼没有大嘴，却有发达的小脑。它们修长的下颌上布满了神经末梢，能够帮助它们辨别食物。长长的吻部就像铲子一样，能够翻动泥沙，将躲藏在里面的小虫、小虾找出来。

象鼻鱼的体长只有 25~30 厘米，虽然灵活可爱，但也缺乏必要的攻击性。那么它们是如何在危机四伏的水下世界保全自身的呢？

为了躲避捕食者，象鼻鱼必须非常小心谨慎。它们避开了捕食者常常出没的白天，转而选择在夜间出行。虽然白天的视野条件比夜间好得多，但也意味着它们没法更好地掩藏自己，容易受到其他生物的攻击，而夜间则不同，它们的黑色皮肤就是夜色中天然的保护色。尽管夜晚也有一些捕食者出没，但总体上比白天安全许多。象鼻鱼的视力并不好，但它们却可以在黑暗中自如地"视物"，这是因为它们对外界的感知主要依靠的并不是视力，而是自身独特的"雷达"。

这个"雷达"位于象鼻鱼的尾部，是一个特殊的梭形放电器官，能够不间断发出电脉冲，在象鼻鱼的身体周围形成一个弱电场。象鼻鱼以此来感知周围的环境变化，并寻觅食物、发现敌人和探测障碍物。

当象鼻鱼的身边有其他生物靠近时，原本稳定的弱电场会立刻产生波动，波动的电流信号被头部敏锐的神经细胞接受后，象鼻鱼就会马上进入警戒状态，就算正在觅食，也会迅速做出反应。

小知识

象鼻鱼还会通过放电来寻找伴侣。有研究表明，象鼻鱼会在求偶、交配和产卵期发出不同的电流信号。它们通过这些电信号来判断异性的身体状况和基因条件等，从而挑选合适的伴侣。